任性出版

平均數
的誤解

The
Average
is
Always Wrong

正確的計算，卻帶來錯誤決策！
商業人士如何解讀數據。

曾任歐洲最大連鎖電影院「歐典影城」營運長，
世界級品牌的高階主管
伊恩．雪帕德 Ian Shepherd——著

張翎——譯

獻給吾妻布麗姬特（Bridget）

Contents

推薦序一
洞察數據，
行銷推廣無往不利

《經濟日報》數位行銷專欄作家、講師、企業顧問／
鄭緯筌

　　說到平均數、變異數，也許你會覺得一個頭兩個大，但與此同時，不知道你有沒有聽過這樣的說法──「內容為王，數據為后」。這句話的道理很簡單，因為內容和數據之間存在相輔相成的關係，亦即優質的內容可以產生有價值的數據（如觀看時間、點擊率、用戶回饋等），而這些數據又可以用來優化未來的內容。故而這種循環，能不斷提高內容的相關性和效果。

　　話說回來，我們身處在這個瞬息萬變的年代，廣告費用越來越昂貴，成效卻屢見低落。各行各業只有持續產製獨特的內容，加上懂得洞察數據，行銷推廣才能無

7

往不利。

很高興有機會可以搶先拜讀《平均數的誤解》這本書，當我翻閱書中的篇章時，立刻被本書提到的案例，以及作者對數據分析的深刻洞察力、在商業領域應用的深入探討所吸引。

作為一位資深的職業講師和企業顧問，我時常在公部門、企業與大學院校，講授數位行銷與文案寫作等相關課程，自然深知數據在塑造商業策略和決策過程中的重要性。這本書不僅是數據分析的專業指南，更是如何在快速變化的商業世界中，保持競爭力的啟示錄。

身為企業顧問，我平時需要為客戶想方設法，找到解決問題的良方。回首自己的職業生涯，我曾協助多家新創企業，利用數據分析重新定位市場策略。其中，有一家科技公司讓我印象深刻：原先他們依賴傳統的市場調查方法，但效果平平。後來我介入輔導，透過分析社群媒體數據和線上消費者行為，發現了未被充分開發的藍海市場。這個有趣的洞察，不但幫該公司調整產品線和行銷策略，最終也讓銷售額顯著成長。

顯而易見，數據分析可以揭示消費者行為、偏好和趨勢，幫企業精確的識別和理解目標市場，使企業更有

效的定位其產品和服務，並針對特定的消費者群體進行行銷。

　　另一個有趣的案例，則是某家位於臺灣中部的機械公司，透過數據分析優化其供應鏈。過去，該公司經常面臨庫存過剩或短缺的問題，經過我與管理團隊開會檢討後，協助他們引入先進的數據分析工具，透過預測分析來優化庫存水準和生產計畫。結果不到半年，該公司不僅降低了庫存成本，還提高了客戶滿意度和市場的回應速度。

　　當我在閱讀《平均數的誤解》這本書的時候，一方面很欣賞作者的邏輯思考能力與文采，另一方面也勾起我許多有關輔導客戶的回憶。綜觀本書，不僅提供了翔實的理論說明，更透過多個案例，來講解數據分析在職場上的多元應用。

　　最後，我想鼓勵每一位讀者，無論你是企業決策者、管理階層，或希望未來能成為獨當一面的市場行銷專家、數據分析師，都應該好好閱讀這本書。它能提供寶貴的知識和靈感，幫讀者在數據驅動的商業世界中取得成功。讓我們在這個人工智慧時代一起擁抱數據的力量，進而開啟智慧型企業的嶄新篇章。

推薦序二
談到「平均數」這個指標，
你是苦惱還是興奮？

「資料科學家的工作日常」粉專版主／張維元

在這個大數據與人工智慧的時代，資料科學與統計學的技術到位，引領業界進入快速成長的商業環節。其中「統計學」作為一門強大的工具，逐漸成為數位時代下，輔助決策不可或缺的工具。

也許你學過統計學當中的各種公式，但你真的能從中掌握數據反映的趨勢嗎？統計學的價值不僅展現在數字和圖表之間，更是在解讀這些數據背後的故事，洞悉潛在的商業機會。它不僅提供了對過去的解釋，還能預測未來的趨勢，使企業得以提前應對市場變化。

隨著資料科學不斷發展，企業在分析數據時面臨的挑戰也在增加。更多企業為了搭上這班數位轉型的列車，

必須從數據中提煉出更多的商業智慧、優化流程，進而提升企業競爭力。這種轉變不僅是技術的進步，更是商業思維的變革。想在競爭激烈的市場中脫穎而出，不僅需要創新的產品和服務，還需要精準的數據分析。

基於數據驅動，加速商業的成長飛輪

數據的驅動力對商業的影響，展現在提高效益和降低成本上，以及創造價值和打造品牌忠誠度的過程中。這包括從客戶著手，透過深入了解客戶的需求和行為，發現企業成長的關鍵；以及在庫存、門市和經營業績之間，建立微妙平衡，以增加收益。

企業透過數據分析，能更精準的預測市場需求，制定更靈活的供應鏈策略，降低庫存風險，提高營運效率。數據驅動商業的重要性越發凸顯，因為它不僅提供了對過去的解釋，還能預測未來的趨勢。企業要更加靈活和敏捷，以應對市場的變化。

書中提供的案例，呼籲企業要積極應用數據，將其納入日常經營和決策的每一個層面，這不僅是技術的問題，更是企業文化的轉變。數據不僅是資料科學家的專

利，更應該是每個部門、每個員工的共同資產，共同參與和推動數據文化的建立。

利用數據串聯商業觀點與統計視角

統計學是一種能串聯人類視角與數學觀點的科學，運用量化方式，讓人類擁有探索龐大數據的能力。無論是「均值回歸」還是「預測的科學」，都凸顯出統計學在解決實際問題中的不可替代性。

透過本書，讀者不僅能迎接數據時代的挑戰，還能站在數據的浪潮之巔，創造出更多的商業價值。統計學對於讀者而言不再是一座高山，而是一條通向商業成功的捷徑。本書的獨特價值在於，它不僅是灌輸理論，更有助於培養實用技能，為讀者打開統計學的大門，讓每個人都能參與並受益於這場數據革命。

推薦序三
數據分析加上商業思維，做出更好決策

數據專書作者、知識遊牧公司負責人／彭其捷

　　本書從「平均數的誤解」作為出發點，開宗明義點出許多人在工作上，常套用平均數來分析數據的缺點。例如在商業市場中，大多數的訂單經常來自於忠實顧客，而非新顧客，因此如果單純將不同群的顧客以平均消費指標作為代表，反而局限了分析的可能性，導致許多重要商業觀點被忽略。

　　本書作者在書中反覆強調，商業上須納入更多元的數據分析視角來觀察，除了平均數之外，也應加入中位數、標準差等的描述性指標，或納入一些資料科學的技巧，例如數據分類、數據預測等，打造以數據為導向的企業，幫助我們挖掘更多商業數據特徵。

　　我曾對數千位成年人進行數據分析教學工作，許多人從學校畢業後，便對於統計、數據議題產生抗拒感；然而，如果想透過數據做出更好的決策，相關的基礎概念是不可或缺的。

　　本書將原本艱澀的數據相關名詞，以淺顯易懂的例子解釋，並闡述數據分析的各種應用。書中整理了大量的數據分析思維案例，像是：資訊增益、貝氏定理、倖存者偏差、相關性不等於因果、均值回歸等，將各種分析關鍵字搭配商業場景說明，讓讀者像看故事書一樣，得到流暢的閱讀體驗。

　　你可能會懼怕與數據相關的技術名詞，但無須太過擔心，透過書中的案例引導，你會發現這些概念並沒有想像中困難。

　　舉例來說，本書針對許多人陌生的「演算法」主題，用淺白的方式舉例，說明自動化推薦演算法技術的商業效益，即透過電腦的輔助，提供更客製化的資訊給特定對象（如潛在客戶）。本書幫助讀者從應用端的視角，了解各類技術的價值所在，並思考未來的商業應用。

　　我認為，並非所有人都須成為資料科學家，但對於工作中會接觸到數據的人，如果能提升數據應用的思維

層級,就可以有效的提升決策品質,提升打勝仗的能力。

　　我在職場打滾的十多年經驗中,每天都會接觸到各類的數據決策場景。如果我們還是習慣只使用「平均值」這個武器,並不足以面對各種挑戰。本書彙整了許多重要的商業數據分析方法,搭配易懂的語彙,幫助讀者習得重要的理論素養,是本書的核心價值。

好評推薦

這本書是寫關於企業如何生存或滅亡——情況就是如此嚴峻。伊恩的書中充滿了領導者如何能不僅生存下來、改變今天且蓬勃發展的例子。

——英國私募基金 True 執行長兼共同創辦人／
馬特・杜魯門（Matt Truman）

伊恩提出了一個複雜的主題，並為領導者揭開了它的神祕面紗——這是一本必讀的書。

——寵物用品零售商寵樂居（Pets at Home）數據長／
羅伯特・肯特（Robert Kent）

這是一本所有想要了解如何蒐集和使用數據，以獲得競爭優勢的消費行業領導者的必讀讀物。

——投資管理公司安保資本（AMP Capital）資深顧問／
喬恩・弗洛舍姆（Jon Florsheim）

商業充斥著數據，但大多數公司不知道如何使用它。這本書將確保你能做到。

——客戶洞察顧問／丹尼・羅素（Danny Russell）

前言
如何從大量數據中挖掘價值？

　　在行銷會議上，「我們的客戶平均每個月光顧 2.3 次」等說法不絕於耳。這數字真是算得夠精確。接下來，大家很可能會繼續討論，公司應該如何將平均數提高到 2.4 次，卻不太會深挖隱藏在平均數背後的數據。

　　平均數究竟是什麼？這個數字意味著什麼？我們應該如何解釋「客戶的每個月平均光顧次數」？在這個簡單的統計數字背後，又隱藏了哪些重要資訊？不妨設想以下兩種場景：

　　‧場景一：大多數客戶確實每個月光顧 2 ～ 3 次。你的客戶大都是常客，你可以透過深入研究客戶對產品的使用回饋，增加客戶的光顧次數，將平均數從每個月 2.3 次提高到更高水準。

　　‧場景二：事實上，有 10％的客戶每個月光顧了 20 次，而其餘 90％的客戶每 3 個月才光顧 1 次。在這種

情況下，客戶的月平均光顧次數也正好是 2.3 次，但反映的經營狀況卻截然不同。

面對如此現實，你一定很想知道，為什麼有些客戶會如此頻繁的光顧？他們與大多數普通客戶有何不同？抑或那些極少光顧的客戶其實也經常買東西，只不過他們是你競爭對手的常客？

只須對這些簡單的表面數字稍加挖掘，就可以為企業領導者創造出巨大價值。**這裡有趣的不是一組數據的平均數，而是變異數（variance，表示一組數字與其平均數的分散程度）**。當有人告訴你，你的客戶平均每年在你的店裡消費 3 次，消費金額約為 100 英鎊（按：依 2024 年 1 月初匯率計算，1 英鎊約等於新臺幣 39.09 元），成為客戶的時間為兩年半時，此人所提供的數字，其實遠非事情的全貌。

在現實中，幾乎沒有客戶會這樣行事。現代資料科學（data science）的強大之處就在於，能透過複雜的演算法，帶你領略數據真正的豐富性，同時領悟其背後的深意，而不是僅滿足於一些簡單的數字。

掌握數據，更能刺激消費

　　行銷會議上提到的所有平均數背後，蘊藏著大量的基礎數據。當我們探討全球消費行業的發展時，數據始終是一個重要話題。一家企業有沒有掌握全部數據？其客戶忠誠度計畫是否有效？為客戶帶來哪些確切的好處？企業有沒有利用機器學習（machine learning）和人工智慧等尖端科技來提高利潤？企業如何以客戶為中心？它又如何利用大數據來實現這一點？

　　人人都有充分的理由去關注數據。目前，科技進步帶動了網路電商的崛起。電商不須承擔昂貴的店鋪租金，也不必拘泥於傳統投資形式，這對世界各地的消費行業實體店鋪構成了巨大挑戰。這些新興電商的優勢並不只如此，**他們的手裡還掌握著大量的客戶數據**。想在網上購物，客戶必須提供自己的電子郵件地址，多半還須提供真實住址。電商獲取客戶的個人數據，已成為一種預設行為。毋庸置疑，他們必定會好好利用該優勢，建立各種預測模型，以判斷客戶。與競爭對手實體店相比，**電商更有能力去刺激每位客戶消費**。

　　不過，當股東和分析人士提出該如何利用客戶資訊

創造價值的問題時，作為消費類企業的管理者，如果我們表現出一副厭煩和不置可否的樣子，也是情有可原的。畢竟，需要我們不斷投資的新領域總是層出不窮，諸如新聞稿中提到的「人工智慧」等，聽起來讓人感覺更靠得住。

對於忙碌的管理層而言，不重視數據分析工作，其實是可以理解的，因為相關的「負面」影響日趨明顯，也時常遭人詬病。比如在國外的一些選舉中，大數據會被用來影響輿論，甚至是操控輿論，且全球網路巨頭不斷蒐集人們個人資訊的現象，也令人觸目驚心。

不過，我們也應該考慮到在真實世界中，下列相關的應用實例：

・企業利用電腦分析客戶在郵件中的措辭，例如「我的快遞仍未收到」等，從眾多郵件中優先篩選出緊急郵件，以確保客服團隊在服務客戶時，做出最合理的時間安排。

・零售商根據客戶的消費模式準確建模，預測重點客戶從何時開始疏離該品牌（或轉向競爭對手），並在與該客戶溝通時，制定有針對性的溝通內容。

‧ 零售商建立銷售預測模型，確保為每一家店鋪分配合適的新品庫存數量。

‧ 電影院根據消費者對個別電影的放映需求，採取即時動態定價機制，從而大幅提高單次電影放映的平均利潤。

打造以數據為導向的企業

上述所有案例，以及本書後文中探討的許多案例，皆以數據為基礎。當一家企業採用了以數據為導向、以客戶為中心的經營模式後，就會為企業帶來真實、確切的利潤。巧妙利用我們手頭的經營資訊，可以顯著提高企業的獲利能力和現金流。這種改變，並不是擁有博士頭銜的矽谷天才和超級電腦的專利。放眼當今世界，在各行各業中，不論是線上銷售還是線下（實體）銷售，都充斥著以數據為中心的經營策略。

那麼，消費產業中的企業如何轉型為以數據為導向？這是擺在許多企業管理團隊面前的一大難題，也是一個勢在必行卻又難以落實的問題。舉例而言，在零售行業中，許多企業管理者往往會相當關注與供應商的關

係，重視採購和銷售工作；而在做決策時，他們卻**很少將真實的客戶數據納入考慮範圍**。在這些企業中，一代又一代的領導者憑藉自己的產品知識、談判能力、經營和組織能力，不斷的為企業開闢新的局面，但他們從未認真考慮，應該**如何從大量的客戶數據中挖掘價值**。

對於許多管理團隊而言，「討論數據」讓人感到奇怪而陌生。結果，一些企業在這方面完全沒有任何投入。但也不乏有的企業很清楚自己應該做什麼，他們在聘請行業專家或顧問的同時，也在自行研究，開啟了以數據為導向的經營時代。

將洞見轉化為利潤

企業的領導者是時候開始了解數據分析，對企業和團隊經營的重要意義了。

本書的目的就在於此。我之所以寫這本書，並不是為了把一個外行人士變成數據迷，廢寢忘食的構建神經網路（neural network），或興高采烈的進行顯著性差異（statistical significance，又稱統計顯著性）測試。這既不可能，也沒必要。

　　相反的，我的目的是為企業管理者提供一個新的角度，看看數據能帶給我們什麼，透過案例展示一些能提高利潤的技巧，以及一些簡單流程，讓管理者的工作能更加趨近於以數據和客戶為中心。

　　在企業向「以數據為中心」轉型的過程中，有能力處理大的資料集（data set），並完成複雜分析工作的專家是必不可少。你須聘請這樣的專家，或透過其他方式讓他們為你工作。這本書雖然不能將讀者變成專家，但有助於幫讀者打開思路，還能幫你勇敢邁出轉型的最艱難一步——改變企業文化，和與你肩負相同使命的夥伴形成統一戰線。

　　我將透過簡述本書三大部分的主要內容，介紹如何將數據分析打造成企業的核心業務。

　　第一部的主要內容是**數據分析**。當企業擁有豐富的客戶和業務數據時，究竟可以做些什麼？將這些資訊轉化為利潤的最佳方式是什麼？一些熱門和「時下」分析技術的真正含義是什麼？若企業領導者對數據一無所知（從上學起就沒有思考過任何統計問題），應如何提升自己，以有效管理以數據為中心的企業？

　　第二部的主要內容是**數據蒐集**。對許多零售企業和

飯店業者而言，獲取客戶數據並不像電商那般容易，但釋放數據分析的潛力依然至關重要（這一點我們會在第一部中談論）。

那怎麼做才能確保我們盡可能了解客戶、店鋪和庫存數據，並確保得到的資訊是安全、可用且有用的？我會帶領讀者回顧一些明顯或隱蔽的數據來源，幫你提高企業管理能力。我們還會和讀者一起探索一些能讓你的企業獲得真正優勢，以便在競爭中獲勝的數據來源。

最後，在第三部中，我們主要探討**如何打造以數據為中心的企業**。我們都知道，幫助企業管理者形成精明洞見是一回事，將這些洞見轉化為利潤是另外一回事。

這需要企業決策層徹底轉變經營模式，從根本上改變企業文化。我們須採取許多務實措施，將數據作為企業一切工作的重中之重。要將數據轉化為價值，還得與實際客戶、產品和供應商重新建立聯繫，這才是數據背後的真正內涵。我們必須將數字構建的理論世界與真實世界聯繫起來，形成線下客戶和線上客戶的體驗回饋，只有這樣才能透過數據分析，將洞見轉化為利潤。

在此，我希望能透過一種對企業管理者而言熟悉且有效的方式，介紹上述三個部分的內容。在此過程中，

我們會遇到一些技術問題。不過，這些都不是只有技術長（Chief Technology Officer，簡稱 CTO）才聽得懂的高深問題，所以不要緊張。在分析數據時，我們甚至還會遇到一些數學問題，但我會以最淺顯易懂的方式加以解釋，保證每個人都能看懂。我們不必感到恐懼或焦慮，而應該讓其自然而然的成為企業策略的一部分。

在閱讀本書的過程中，你會發現有些章節存在一些單獨標注的、解釋書中涉及的重要術語和概念的部分。如果這讓你聯想到學生時代數學課上不愉快的經歷，不妨在初次通讀時直接略過，這些內容並不會妨礙你理解這本書。不過，在重讀本書時，我還是建議你試著仔細閱讀這些內容。這些概念並不屬於單純的「數學」概念，它們對於轉換思維方式很有幫助。

數據分析，可成為管理者的利器

在了解數據的過程中，我們會舉例分析。其中有些案例的資訊是公開的，另一些則因為涉及機密而做了匿名處理。但所有案例，都是將數據轉化為利潤的有效、真實案例。

在閱讀本書時，你可以一邊讀、一邊與自己的團隊探索——沒有任何案例比自己的企業更適合研究。透過對自己手邊資訊進行力所能及的分析，你就擁有率先實踐本書理論的機會。

作為一門新興的重要學科，資料科學還有更複雜的分支，如機器學習等。它總是帶給人一種神祕感，讓人彷彿看到在企業高階主管的待辦事項中，又出現了一個未知的新任務。

而諮詢顧問和外包團隊出於自身利益的考慮，有時甚至會讓事情變得更糟。他們會極力讓你相信，資料科學是你無法理解的領域，你只能花大錢來購買他們的分析服務。

千萬別被這群高智商的聰明人耍了。讀了本書後你就會發現，機器學習技術其實透過一個 Excel 試算表就能完成。從解決問題的角度考慮，我們討論的某些話題的確比較複雜，最好是交由專家完成，但從理解的角度考慮，並沒有任何問題是難以理解的。如果我們的企業管理團隊願意擁抱資料科學，也有能力向專家提出關鍵問題，就一定能讓企業發展得越來越好。

如果一切進展順利，企業向以數據為中心轉型的過

程一定會成為業界的佳話。由數據的怪異分布可推導出許多有趣的解釋，從而形成新的產品和服務創意，產生新一輪業務數據，引領企業的業務不斷向前發展。如果一家企業認為，數據分析應該是專家在年報中討論的內容，和真實業務相去甚遠，那麼就失去了價值。作為推動企業發展、建立客戶關係的重要組成，**數據分析其實可以成為管理者手中的利器**。

現在，讓我們從本書的第一部開始，一起探索那些有可能改變企業命運的技術。

商業人士
如何看待數據？

在本書第一部中，我們將了解利用數據分析，推動利潤成長的多種方式。

　　首先我會介紹幾個核心概念，並定義本書中出現的一些相關術語，協助你透過熟悉基本知識來加深理解。其次，透過案例分析，詳細介紹企業在忽視數據分析的情況下，經常出現的一些決策失誤，並闡釋其中涉及的分析技術，例如市場區隔／細分（segmentation）等非監督式分析技術，以及構建預測模型等監督式分析技術。

　　為了清楚解釋分析模型的結果，我們會用到統計學和機率論中的部分概念。現在，我們將思考企業應該如何利用數據分析技術，了解業務經營現狀，向分析團隊提出關鍵問題，從而推動業務創新，創造利潤回報。

認識一些重要概念

本章我們會詳細探討隱藏在平均數（本書有時簡稱「均值」）背後的重要數據，以及當我們深挖其價值後，能為企業帶來的種種好處。其中，我們會著重介紹一些相關的術語，以便讀者理解後面章節的內容。

先熟悉數據語言

在我們昂首闊步，追求從數據獲得的利潤之前，為了能準確的探討問題，必須先熟悉一下相關的數據語言。

與企業領導者感興趣的許多其他話題一樣，數據分析領域也充斥著各種專業術語。讓我們先來定義一些簡單而實用的常見用語。

數據是指你能了解到關於企業的一組資訊。它可能是關於客戶的事實資訊，例如地址；或關於客戶的行為，例如購買行為；或關於企業的事實資訊，例如某個店鋪中特定產品的數量；又或是其他任何方面的任何數字。

以上每種事實資訊都是一個資料點（data point），當它們聚集在一起時，就能代表一個考察企業的微觀視角。透過這個視角，可了解到你的企業、客戶以及合作夥伴和供應商等更大範圍的情況。

資料庫（database）是用來存放數據的地方。有了資料庫，你才能針對數據提出問題。現在，許多不同的技術方案和平臺都會提供資料庫服務，本書不會介紹太多相關的技術細節。不過，我們會介紹如何利用資料庫，以及如何針對數據提出問題。當你擁有了大量數據，就可運用不同的底層技術來處理和加工。

資料科學是一整套數據分析工具的總稱，透過這些工具，你可從數據中提煉知識，找出回應問題的答案，並獲得洞見的機會，本書會列舉大量的相關案例且加以說明。

資料科學領域包含許多相關的分析技術，本書會提到一種重要劃分──監督式和非監督式分析技術。其中，監督式分析技術即是透過資料科學，來嘗試解決具體問題，例如預測客戶未來的行為；非監督式分析技術即是透過細分來理解數據，例如對數據進行分類。

機器學習是資料科學的一個專業領域。它透過電腦

對模型和數據進行對照,進而建立預測引擎,幫助我們預測未來,比如預測特定客戶最想購買的產品等。你可將機器學習當作人工智慧的一個分支,包含建立電腦程式、從數據中模擬學習等內容。

在各種會議上,我們常會聽到人們談論「人工智慧」一詞,其實,它經常被錯誤使用且炒作過度。在以數據為中心的企業,雖然自動化倉儲等人工智慧手段也常被應用,但機器學習才是與企業發展關聯最緊密的人工智慧分支。

神經網路是一種用於數據分析的特定機器學習模型,尤其適用於分析複雜資料集和複雜問題。之所以稱為神經網路,是因為使用的演算法,與人類大腦中神經元的相互連接方式極為類似。

神經網路是眾多數據分析技術中的一種,專家會根據我們試圖解決的問題,來決定是否使用這種技術,而神經網路並不一定是最好的解決途徑。

另外,「以數據為中心的企業」是本書中常用的一個表述,用來描述我們追求的最終目標。那些擅長從數據中挖掘價值的企業,往往具備一些共同特徵和能力,我們將在後面的章節中一一揭曉。

　　在本書中，我會盡量使用大家都能理解的語句來解釋問題，避免出現過多的專業術語。假如有人告訴你，他們正在「雲端資料湖中部署一些演算法」（意思是：他們正在一個很大的資料庫中進行資料科學研究），別忘了要求他們像我這樣，用通俗易懂的語句來描述。

為什麼「均值恆錯」？

　　還記得我前面舉過的例子嗎？在一次行銷會議上，你得知企業的客戶平均每個月光顧 2.3 次。我們已經簡單分析了這個平均數可能產生的誤導，但故事並未就此結束。此類會議接下來往往會提及客戶的人口分布情況。你可能會聽到：大部分客戶的年齡都高出該品類消費者的平均年齡，而且他們生活在西北地區，愛好養寵物。

　　然而，這究竟是不是真的？假如全國只有 10％的人口居住在西北地區，而你的客戶中卻有 15％來自該地區，那這確實證明了更多客戶居住在西北地區。但還有 85％的客戶並不住在西北地區，這也是事實。因此當員工將圖表呈現到你面前時，相信上面的數字是一件很容易但不準確的事。

　　我們得想辦法，看穿這些（具誤導性的）統計結果，搞清楚其背後真正反映的經營情況。

平均數、中位數和標準差

　　以一家虛構的零售企業為例。我們用下頁圖表 1-1 中的圓形圖案來代表客戶，稱為 blob 對象（按：blob 是指影像中有相同性質的像素點，相鄰或接觸後形成的區域）。在現實世界中，每個客戶都有自己的名字、住址、樣貌和各自的背景，blob 對象也一樣。但為了便於分析，我們將其簡化為圖中的資料點（如圖表 1-1 和第 45 頁圖表 1-2 中，橫坐標表示 blob 對象的序號）。

　　在某些圖表中，blob 對象看上去一模一樣；而在另一些圖表中，它們會根據相同行為或已知特徵，被歸類至不同的分組當中。其實，許多分析技巧都是基於對數據的歸類，例如按照

客戶購買某件特定產品的可能性來歸類。

首先，讓我們來看一看 blob 對象每週在這家虛構零售企業的消費情況。

看到圖表 1-1 中的內容，你會不會馬上聯想到數學課？讓我們透過統計的方法，來描述一下從圖中觀察到的情況。

blob 對象平均每週的消費金額（平均數）為 73 英鎊。其計算過程是將所有 blob 對象的消費金額相加，再除以 blob 對象的個數。圖表

圖表 1-1　每週消費金額分布圖（一）

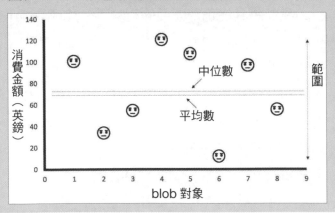

1-1 中，blob 對象共有 8 個。

如果按照低到高的順序來排序消費金額，那麼最高金額和最低金額中間位置的數值，就是消費金額的**中位數**。由於 blob 對象的個數為偶數，其中位數等於排在中間的兩個數據之和除以 2，即 76.5 英鎊。

中位數的意義在於，剛好有一半 blob 對象的消費金額小於它，而另一半則大於它，它相當於一個中間點。請注意：**平均數和中位數未必相等。實際上，兩者可以相差很多。**

假如在 10 個 blob 對象中，有 9 個每週消費 1 英鎊，有 1 個每週消費 91 英鎊，那麼平均消費金額為 10 英鎊（100 英鎊除以 10），而中位數為 1 英鎊。

我們希望將所有客戶作為一個資料集來分析、計算，但光靠平均數和中位數，難以說明真實情況。第 45 頁圖表 1-2 的兩組圖表，恰好說明了這一點。儘管兩張圖中的數據分布截然

不同，但平均消費金額均為 73 英鎊，中位數也均為 76.5 英鎊。由此可見，我們必須得到更多數據，才能真實的描述客戶的消費特徵。

中位數和平均數無法充分描述這兩種分布的巨大差異，但**標準差**（standard deviation）能做到這一點。在上述三組數據中，blob 對象每週消費金額從高到低的分布情況存在著很大差異，然而靠這個上學時學過的統計學概念——標準差，的確就足夠我們完成後續的數據分析。

標準差所衡量的，是**數據分布情況與平均數的離散程度**。如果數據的數值十分相近，則其標準差會相對較小；如果數據分布範圍較廣，則其標準差會相對較大。

在圖 1-1 的資料集中，其每週消費金額的標準差為 37 英鎊。實際上，它代表的是單一的 blob 對象數據與平均數之間的平均距離。從數學的角度來看，標準差其實就是每個資料點與平均數之間的平均平方距離的平方根。

圖表 1-2　每週消費金額分布圖（二）

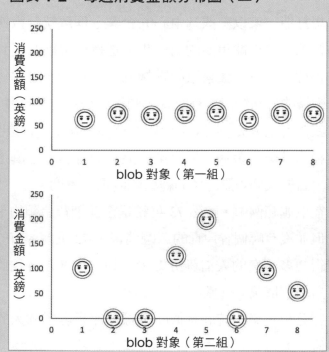

在分析數據分布的離散性或聚集性時，標準差是一個十分常用的概念。平均數、中位數和標準差，是描述數據的三個重要變數。

針對平均數偏差提出問題

　　想打造一家以數據為中心的企業，理解統計數據背後的細節，是至關重要的第一步。透過計算前文提到的統計指標，或直接觀察原始數據的分布狀態，了解每個單一數據的分布情況，有助於我們避免被平均數誤導。

　　我們可能會接著問：這樣做的意義何在？事實證明，用這種方式分析數據，對企業發展大有好處。了解這些術語，對於我們規避諸多的經營陷阱很有幫助。

　　在上述範例中，雖然 73 英鎊是全部消費金額的平均數，但並沒有哪個客戶真的每週消費了 73 英鎊。有的人消費得更多，有的人消費得更少。利用標準差，我們擁有了對消費情況進行量化分析的方法。

　　在分析企業的統計數據時，標準差是非常強大的分析手段。

　　在業務報告中，你可能會聽到「本店產品的平均庫存期為 3 週」。為了得到關鍵的策略見解，不妨**針對平均數偏差提出問題**，或乾脆要求查看數據的具體分布。產品的平均庫存期為 3 週或許沒什麼問題，但假如有店鋪的庫存期長達 20 週，你可能就該有所行動了。

延伸思考

與你所任職的公司業務相關的統計數據有哪些？

你可能會選擇一些與營業額相關的指標，例如客戶的平均光顧次數，或舉辦促銷活動時，客戶每週的平均消費金額等。

你可能還會選擇一些營運數據，例如每家店鋪的銷售轉換率，或是不同管道的存貨銷售比等。

不論你選擇了哪些指標，都務必深挖平均數背後的基礎數據。你最先得到的平均數通常只是個算術平均數，而中位數是多少？此外，標準差又是多少？

最後，還要看一看實際資料點的分布圖。這和我們假設的案例一樣，你往往能一眼就看到那些與眾不同的分布。

統計數據何時才有意義？

我們剛剛所做的，是透過簡單的描述性統計數據，理解我們的客戶（店鋪、產品或供應商）並非都一模一樣。對企業而言，這是透過數據分析，挖掘企業長期價值的開始。下一章，我們將在此基礎上進一步討論。

在此之前，我們還須提前了解，一個有助於我們分析數據的統計學概念。它不是一個新的數據衡量指標，而是幫助我們理解每種指標重要性的一種方法。它就是**顯著性差異**。

假設你的企業在南、北兩個地區各設一個銷售據點，這兩個據點均配備了許多銷售人員，以電話向客戶推銷。現在我們從兩個據點中，分別隨機挑選一名銷售員，比較兩人上個月的訂單轉換率。

結果，北區據點銷售員的訂單轉換率更高。那麼，你是否就此得出結論，認為北區據點的業績水準比南區據點更勝一籌？

我猜你不會。你的結論之所以會和隨機實驗的證據存在差距，是因為你已經本能的考慮到顯著性差異問題。很有可能，所選的北區據點銷售員只不過剛好是個銷售

達人，**他一個人無法代表北區據點所有銷售員的業績水準**；同樣的，所選的南區據點銷售員也可能只是碰巧在上個月業績較差。因此，他也代表不了南區據點的整體業績水準。

現在，假如我們逐一比較兩個據點中每個人的業績，並發現其中一個據點的平均業績高於另一個據點，那麼在這種情況下，我們才有理由得出哪個據點更好的結論。而僅憑兩個據點各一名銷售員的業績，來判斷這兩個據點的業績水準，實在是過於隨意了。

另外，還有一些問題值得注意。具體而言，假設北區據點的平均訂單轉換率為 15.2％、南區據點為 12.8％，那我們是否能就此推斷，由於兩個據點在業績（或市場）結構上的差異，導致北區據點創造了較高的訂單轉換率？抑或我們看到的業績差異，其實純屬偶發事件？對此，我們須注意以下幾點。

顯著性差異的意義，就在於比較兩種假設。在上面的例子中，我們比較的是「北區據點的業績優於南區據點」的對立假說（alternative hypothesis），以及「南北業績不分伯仲，數據差異純屬偶發」的虛無假說（null hypothesis，又譯零假說。按：統計學的假說檢定中，當

實驗結果在虛無假說之下不大可能發生時，就認為該結果具顯著性差異）。

這個問題的答案，須利用**顯著水準（significance level）對應的臨界值來界定。**

我們時常會聽到統計學家和研究人員說「這些業績數據具備顯著性差異的可能性為 95%」之類的話，也就是說，有 5% 的可能性是沒有顯著性差異，是由於隨機誤差所造成（顯著水準為 5%）。

如果你感興趣，我們還可以從數學的角度思考一下。在上面的例子中，我們通常做出的虛無假說是：南北據點的銷售員其實並無差別，每人的業績也都接近於平均水準，呈現出經典的鐘形曲線分布（後文中，我們將詳細介紹這種曲線）。

當我們從兩個據點中隨機抽取兩組業績數據後，就可以透過數學方法，計算出「北區與南區據點的數據存在差異」的可能性。如果虛無假說成立的機率小於可接受的臨界值（假設為 5%），那麼，我們就有超過 95% 的把握認為，兩個據點的銷售情況並不相同——其人員情況不同，業績水準也不同。

鑒於數學的關注點在於，我們能否從同一群體中抽

取兩組樣本數據，並發現其差距（如業績上的差距），所以可想而知，**抽取的數據越多越好。如果你只有少量樣本的數據，就很難得出結論**，但如果你有很多數據，就能對觀察到的差異更有把握。

你觀察到的差異數值越大，其偶發的機率就越小，它們也就越可能成為兩個團隊業績水準差距的實證，**其意義與單一平均數之間的隨機差異是截然不同的。**

回到所有統計數據對企業業務的影響上，當你注意到兩組數據之間的差異時，一定要問一下數據提供者，對這兩組數據是否可能有顯著差異的看法，之後再做出判斷。

顯著性的商業意義

多年來，企業由於忽略顯著性差異而付出慘痛代價的案例屢見不鮮。舉例而言，假設在你的客戶當中，有15%屬於退休人員；而市場報告顯示，退休人員在某款特定產品購買者中的占比為19%，明顯高於其在其他產品購買者中的平均占比。

企業管理層很可能會因為退休老人購買產品的占比

較高，而將該款產品定義為「退休老人產品」，將該數據形容為「退休老人對該產品的購買指數高達 127」（這是許多行業研究報告中的慣用表達）。

這樣的用詞具有一定意義，但也極具誤導性。這裡的指數值 127 是透過 19÷15≈1.27 計算得來。也就是說，從某種意義上看，退休老人購買該產品的人數，要比購買其他產品的人數高出 27％。這是事實，毋庸置疑。

但現在我們已經明白了，只有在知道該組數據的初始占比時，這個指數才有意義。因為**倘若初始占比就很小，那麼即便該指數再高，實際占比也高不到哪兒去**。

有了顯著性差異的概念，我們就能想像到差異更大的情形。基於樣本規模的不同，這些數據可能無法全部反映出真實情況。或許只是剛好在某天，在某家店裡，購買這款產品的顧客碰巧都歲數比較大而已。所以，在著手為商品制定促銷活動之前，一定要先主動詢問數據分析結果的顯著性。

顯著性的計算過程相當複雜，一般來說，負責生成數據的團隊也應該負責顯著性的計算工作。在根據數據分析結果制定企業決策之前，這一步是必不可少的。

危險的鐘形曲線

在你完全相信分析團隊關於顯著性的答覆之前，還有一點須注意：顯著水準臨界值的計算有可能非常複雜。不過，如果我們對查看的數據做一些假設，那就簡單多了。

舉個例子，如下頁圖表 1-3 所示，我們可以假設，隨機選取的數據以較好的對稱形態分布於中心均值附近。

圖表 1-3 中，數據分布呈鐘形，我們稱之為「常態分布」（normal distribution）。常態分布的數據具備一些有意思的特性，其中最有趣的是，68％的數值分布於距（高於或低於）平均數一個標準差的範圍之內，95％的數值分布於距平均數兩個標準差的範圍之內。

不過，在現實世界中的數據，尤其是**商業數據**，往往不是常態分布。我們考量的許多數據，比如客戶平均訪問頻率、銷售轉換率、庫

存水準等，都不可能為負，但數值可能很高，
如下頁圖表 1-4 所示。除了常態分布，數據以
其他形狀分布時也可計算顯著性差異，只是計
算難度會更高一些。

我們現在已經意識到顯著性差異的重要，
因此直覺也能幫助我們判斷。所以，當我們注
意到數據差距較小，且有可能是隨機發生時，
一定不能僅憑這些觀察（客戶在某個市場中的

圖表 1-3　每家店鋪銷售額的標準常態分布

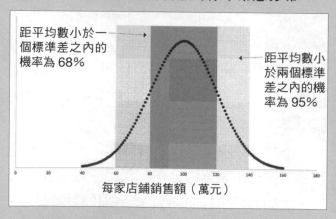

行為，不同於在其他市場中的行為）就做出重
大的商業決策。我們一定要觀察更多的數據，
或等出現更明顯的差異時，再做決策。

圖表 1-4　真實商業數據的分布形態

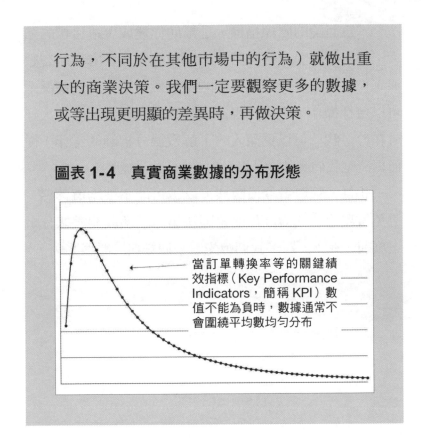

當訂單轉換率等的關鍵績
效指標（Key Performance
Indicators，簡稱 KPI）數
值不能為負時，數據通常不
會圍繞平均數均勻分布

　　在分析數據時，我們須深挖表面數字背後的基礎數
據。在商業領域，數據分析往往蘊含著將數據轉化為利
潤的途徑。

　　本章討論的匯總指標，是幫助你達成上述目標的強大工具。很多企業會聘請分析師和專家負責處理所有數據工作，管理層則根據他們的結論做決策。一般情況下可以這樣操作。不過，親自了解數據處理方式的一大好處在於，我們可以更深入的了解數據分析師的工作，從而更清楚我們應該從什麼角度提出自己的訴求。

　　此外，管理者越懂數據，就越可能不被均值迷惑，避免做出那些代價高昂的錯誤決策。繼續展開數據分析之旅前，在下一章，我們會先看一個經典的錯誤案例。

均值回歸：偶爾表現差的會回歸正常

本章我們將探討一個奇妙的統計學現象，即一個常見錯誤。與其他錯誤相比，這個錯誤不僅會導致管理層對數據產生更大誤解，還會對企業的時間和金錢造成更多無法估量的浪費。

讓我們來設想這樣一個場景：你手中掌控多家店鋪（餐廳或賣場），每家店鋪的業績卻各不相同，有些經營得很好，有些則需要改進。

因此，你必須給這些店鋪設立一些合適的業績指標。於是，你建立了業績排行榜。從某種程度上來說，這是每個企業領導者都做過的事。排行榜是企業績效管理的一大法寶，畢竟，沒人願意排在最後一名。

因此，為了提高整體業績水準，每家店鋪都會積極規畫獎勵計畫，安排培訓活動，提高資深管理者的重視程度。在我考察過有開分店的大部分企業中，只要管理者有辦法提高那些墊底店鋪的績效，就可以使整個企業

的績效大幅提升。

在建立了排行榜並昭告整個企業後，你的目光自然而然會落在業績最差的店鋪身上。選出在排行榜最後25%的那些店鋪後，你會思考，如何幫助它們提高業績？在管理團隊的策劃下，你為它們制定了一個「往上爬計畫」，這些墊底店鋪有可能得到胡蘿蔔（業績提升的獎勵），也可能得到大棒子（開除所有經理，換新人取而代之），或賞罰兼施。

一旦往上爬的計畫開始實施，你自然很想知道計畫是否奏效，看看這些墊底店鋪的業績，能否追上企業的整體業績水準。好消息終於來了，在計畫落實期間，墊底店鋪的業績增長了8％，而企業的整體業績增長了3％，墊底店鋪與其他店鋪的業績差距正在縮小。由此可見，你制定的計畫發揮作用了。

事實果真如此嗎？

很遺憾，事實未必如此。在你的企業中，每家店鋪的業績都存在一定程度的波動性。如果將某一家店鋪每週的業績繪製成圖表，你甚至會從中看到類似於第一章中的分布曲線——每家店鋪大都能達到「平均」業績（位於曲線中間），但由於業績指標受到各種外部因素的影

響，例如店鋪所在的購物中心出現事故或員工接連生病等，店鋪也有單週業績較好或較差的時候。

業績提升，是因為策略奏效嗎？

現在的真實情況是，每家店鋪的平均業績都不一樣。從企業整體投資的角度來看，有些店鋪業績好，有些店鋪業績差。問題也恰恰出在這裡。在規定的經營期限中，你在挑選墊底店鋪樣本時，不僅選擇了那些業績持續較差的店鋪，**同時還選擇了那些平時業績較好，但剛好在那一週（或月、季度）中業績較差的店鋪。**

而抽選了偏頗樣本的結果就是，假如在沒有實施往上爬計畫的前提下，繼續考察相同的店鋪樣本在相同經營期限中的業績，你會發現持續業績差的店鋪照樣業績差，但是那些因為單週業績偶爾較差，而在排行榜最後25％中的店鋪，卻恢復了它們正常的平均業績水準。所以看起來，在計畫實施後這些墊底店鋪的業績很快就整體提升，而實際上，這只是因為**那些偶爾業績不佳的店鋪正常發揮而已。**

如下頁圖表 2-1 所示的箱形圖，展示了一段時期內 9

家店鋪連續多週的業績情況。

　　每家店鋪的平均業績水準處於每個箱體的中段。箱體的上、下邊緣，分別代表上四分位數和下四分位數的數值，也就是說，箱體內部的數值恰好為每週業績數值的一半，而上下引線的頂點，則分別代表歷史最佳和最差業績。

圖表 2-1　一段時期內 9 家店鋪連續多週的業績情況

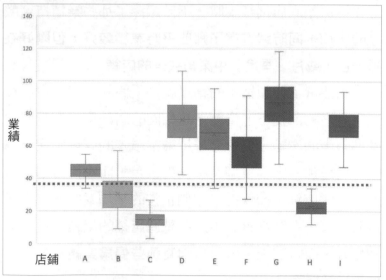

假設在某一週，週業績墊底的 3 家店鋪，其平均業績位於圖表 2-1 虛線的下方，那麼在這 3 家業績墊底店鋪中，C 店和 H 店理應包含其中，但 B 店（排名倒數第三）也有可能，而假如 A 店、E 店和 F 店的業績，剛好在這一週也比較糟糕的話，那麼也有可能入選。

統計學家為此現象命名為「**均值回歸**」（regression to the mean）——在規定的時間點上，無論選取的業績不佳樣本包括哪幾家店鋪，在後續監測中，這幾家店鋪整體業績都顯示出向中間值或平均數回升的趨勢。其原因就在於，隨著時間的推移，那些因為運氣不好而被納入樣本的店鋪會逐步恢復正常。當然，反過來也是相同的道理。任何業績優異的店鋪隨著時間的推移，也同樣會呈現出向平均數回落的趨勢。

這種有趣的統計學現象並不局限於店鋪的業績，在商業環境中，它同樣適用於分析個人績效和不同部門之間的業績排名。了解這一概念後，讓我們再來反思一下企業的業績管理及行銷推廣問題。你有沒有採取店鋪優化措施？有沒有仍然將那些漸行漸遠的客戶設定為自己的行銷目標，並堅信自己採取的措施對企業發展是有價值的？現在再想一下，你依然確定嗎？

　　我們當然有辦法知道這些措施的價值。在我們解釋均值回歸現象時，曾多次提到了「樣本」一詞。問題的核心在於，在企業實施往上爬計畫時，選取了一組偏差樣本，並根據偏差樣本的業績成果來評價。這就好比你抽取了一批病人作為樣本，給他們服用你剛剛發明的藥品，其中有些病人康復了，但並不是因為服用了你的藥品，而是因為隨著時間的推移必然會康復。

　　如果你選取了業績較差的店鋪作為樣本，那麼其中必然有一定比例的店鋪，不論是否採取措施，其業績都會好轉，因為在一開始，這些店鋪就是因為偶然業績不好才被納入樣本。

對照組：採取與未採取措施的店鋪比較

　　想要真正檢驗往上爬計畫的實際效果，我們需要引入一個新概念。在本書中我們將會反覆用到這個概念，它彷彿具有一種魔力，能實事求是的呈現店鋪優化措施的效果。這個概念就是**對照組**（control group）。

　　在上述測試中，**我們不應該關注所有位列排行榜最後 25%的墊底店鋪，而是從墊底店鋪中隨機挑選出一定**

比例的數量，單獨實施往上爬計畫。這樣一來，在衡量措施效果時，才可能有新發現。

此時衡量的，並不是墊底店鋪的業績相對於整體店鋪的業績水準而言是否提升（受均值回歸的影響，極有可能提升），而是**衡量在墊底店鋪中，採取措施的店鋪與未採取措施的店鋪相比，其業績是否提升**。由於未採取措施的店鋪，是從排在最後 25％ 的墊底店鋪中隨機形成的，因此其業績也會在均值回歸的影響下提升。於是，問題就變成實施了往上爬計畫的店鋪，其業績增速是否比對照組的業績增速更快。如果其增速的確更快，那麼，我們就有理由認為，往上爬計畫產生了積極效果。

在本書後面的章節中，我們也會不斷提到對照組。以數據為中心的優秀企業在衡量決策效果時，一定會使用對照組這一關鍵概念。之所以會用對照組，除了均值回歸的重要影響之外，還有其他原因。

如果你想準確的了解，究竟有多少人對採取的措施有所行動（例如回應企業的行銷手段），那麼在確定措施的真正影響時，你必須參考對照組的結果。如果這些措施還涉及資金的投入，那麼，能否正確衡量措施的提升效果，更是關係到企業的生死存亡。

對照組可協助企業修正策略

　　正如第一章提到的，為了打造以數據為中心的企業，熟悉數據的基本概念是我們首先要邁出的第一步。任何資料集都可以透過第一章中提及的匯總指標來描述。透過平均數、中位數、標準差等，我們就能對企業的經營概況，有較清晰的認識。此外，在了解顯著性差異的概念後，我們就能有效的規避一些常見錯誤，而不會輕易相信，均值反映的就是我們要了解的全部內容。

　　現在，我們又搞清楚了均值回歸的概念，也明白在評判墊底店鋪實施往上爬計畫的效果時，均值很可能會讓人栽跟頭。而在這種情況下，對照組可以助我們一臂之力。

　　除了簡單匯總數據外，我們還必須安排專人完成店鋪、庫存、銷售或客戶等，相關數據的圖表繪製和分析研究工作。下一章，我們將深入淺出的介紹一些數據分析技巧。許多很強大的機器學習分析演算法，實際上只是模仿人類用肉眼即可完成的分類識別而已。

名為「假設」的陷阱

　　本章會著手研究客戶資料集。讓我們一起來看一看，不同數據分析方法得出的結論，究竟會相差多大。

　　我們再來回顧一下 blob 對象分布圖（見下頁圖表 3-1）。這次，我們從兩個維度（dimension）來考察。座標橫軸為 blob 對象的客戶關係持續時間，縱軸為客戶每週的平均消費金額。

　　現在，我們可以透過有趣的方式來考察客戶群。如圖表 3-1 上方圖所示，老客戶的消費水準比新客戶明顯要低一些。在看到這樣的數據時，我們很可能會猜測，是否存在某種因果關係──是否有某種原因，可以解釋為什麼老客戶在店裡的消費金額越來越少？

　　透過輔助線，我們可以讓上述思考過程變得更有說服力。這條輔助線，就是大家在企業圖表中十分常見的**最佳擬合線**（line of best fit）。

　　在下頁圖表 3-1 下方圖中加上了最佳擬合線，是與大部分資料點距離最近的虛線。

圖表 3-1　平均消費金額與客戶關係持續時間

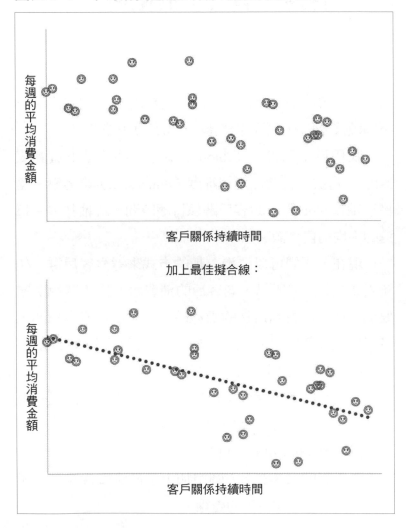

最佳擬合線與機器學習曲線

在此，我們值得多花一點時間，討論最佳擬合線。你或許會好奇：最佳擬合線是怎麼畫出來的？當然，你或許對此並不感興趣，但我還是想稍做解釋，因為這對於後面的討論至關重要。

以圖表 3-1 下方的二維平面圖為例，我們可透過一個公式，計算出最佳擬合線。不過，在更加複雜、數據更多的案例中，這種運算量可能會大得離譜。

最佳擬合線的演算法（分步過程）可以分解成下列步驟：

1. 在圖中隨機畫出一條直線。

2. 測量圖中所有資料點到該直線的距離之和（以此來衡量你的誤判程度）。

3. 稍微平移這條直線，再次測量資料點到

直線的距離之和，看看這次的結果是否比第一次的「誤判程度更輕」。

　　4. 重複直線的平移操作，直到無法進一步減小誤判程度為止。

　　此時，你得到的就是最佳擬合線。

　　有趣的是，假如我們安排一臺電腦來運行上述運算，從第一條隨機直線開始，不斷完善，直至得到最佳答案，這一過程實際上就是機器學習。

　　機器學習的意義通常在於，建立一個數據分析模型，再反覆調整模型參數，從而使該模型與你的數據達到最佳擬合。提供的數據越多，機器從數據中學習的機會就越多。在上述例子中，我們的模型是一條直線。也就是說，我們假設所測算的兩個變數之間，存在著某種線性關係。機器學習的過程，就是透過不斷改變參數，使直線無限接近我們擁有的實際數據。

　　也許你以前就思考過機器學習對企業究竟意味著什麼，而實際情況是，當你每次查看最佳擬合線時，就已經用到機器學習。下次，當你讀到關於某家企業正在「透過機器學習優化預測模型」的新聞時，不妨問問自己，他們是否也和你一樣，只是在尋找最佳擬合線而已。在下文中，我們還會詳細介紹機器學習的過程。

我們掉進了什麼陷阱？

　　截至目前，我們的討論一切順利。不過，分析上文分布圖的方法並不局限於一種。而我們剛剛運用的分析方法，也隱藏著危險的陷阱。**這個陷阱來自「假設」。**

　　在分析數據時，我們須搞清楚，自己和他人分析數據的假設是什麼。當我們按照剛才的方式，為數據尋找最佳擬合線時，我們實際上認為，橫軸上的變數（客戶關係持續時間）在某種程度上影響了縱軸上的變數（每週的平均消費金額）。這條線反映的是一種關係，**我們**

很容易認為這種關係屬於一種因果關係，也就是說，一個變數直接影響了另一個變數。

而因果假設產生的實際影響是：我們會認為，假如有新的數據產生，那麼其座標也應該與同一條擬合線相符——假如我們獲得了新的客戶消費紀錄，那麼兩個變數之間的關係也應該遵循相同的因果規律。同時，我們還會認為，一旦橫軸的變數發生了變化（在上述例子中，即「客戶關係持續時間」增加），那麼其從屬變數也會發生相應的改變。這相當於我們認為，客戶關係持續時間越長，客戶的消費金額也就越低。

事實有可能的確如此。我們在圖中看到的客戶消費數據分布結果，可能就是因為客戶對服務日漸厭倦，或單純是他們覺得在店裡已經買夠了。因此，我們判斷當客戶關係持續時間越長，消費金額就越少，也是有一定的道理。

一旦注意到這種現象（老客戶的消費金額比新客戶的少），並確認兩者之間為因果關係（即客戶關係持續時間越長，消費金額越少），你可能會召開一個策略研討會，制定一套行銷對策。例如：

· 將開發新客戶作為首要工作，保持客戶的平均消費金額維持在較高水準。

· 召開產品創新會議，爭取讓老客戶回心轉意。

· 調整與客戶的溝通方式，在客戶剛開始減少消費時，盡力挽留他們。

直線之外的另一種選擇：資料集

不過，在開會之前，不妨先考慮一下：最佳擬合線到底是不是最佳選擇？**由於上述分析是以假設為前提，因此這條線有可能並不成立。**根據我們所看到的數據形態，或許還有其他解釋，能推導出完全不同的結論。試想一下：如果我們用如第 73 頁圖表 3-2 的方式去分析數據，結果又會如何？

一旦我們用橢圓形的資料集代替趨勢線，再分析數據，**其形態就與之前所觀察到的完全不一樣。**

也許，這兩個變數之間不存在線性關係，圖中只不過單純的展示了兩種類型的客戶群而已。一組（或一個資料集）是客戶關係持續時間不長，但消費水準較高的新客戶；另一組則是客戶關係持續時間較長，但消費水

準較低的老客戶。

　　為什麼我們有可能擁有兩種截然不同的客戶群？或許是由於時代更迭，客戶使用產品或服務的方式發生了變化。如果我們根據一家電信公司，其客戶年齡與每個客戶發送的簡訊數量製作圖表，就很可能看到與圖表 3-2 相似的數據分布，因為年輕人更喜歡用簡訊聊天。

　　又或者，企業發生了別的變化，兩個變數之間不僅不存在線性關係，還同時受到其他變數的影響？假設在過去的某個時間點，企業改變了銷售管道或宣傳策略，那麼，新引入的消費水準較高的客戶，很可能來自與老客戶截然不同的群體。

　　我們以兩個資料集取代了直線所代表的線性關係，以全新的方式查看數據分布，進而分析結果，由此對企業制定下一步實際行銷策略所產生的影響是顯而易見的。假設這兩組客戶群彼此不同，那麼我們可以從中推斷出，隨著客戶關係持續時間的增加，新客戶並不會降低其消費水準，而是會持續保持較高的消費水準。

　　不過，關於客戶群的假設也帶來了一些新問題，比如：客戶群為何會彼此不同？於是我們需要思考的是，是否能從企業策略等其他角度解釋。如果接受了這個新

圖表 3-2　平均消費金額與客戶關係持續時間
　　　　　（用橢圓形的資料集分析）

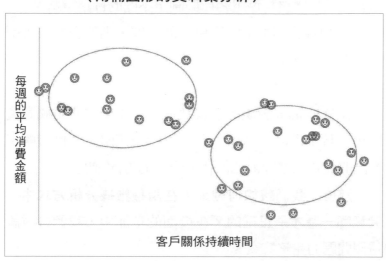

假設，那麼，我們在策略研討會上要關注的，可能是完全不同的問題；而討論得出的措施結論，也一定與基於最佳擬合線的數據分析結果截然不同。

　　例如，我們可能會採取以下行動：

　　‧從更多角度分析，例如分析客戶引入方式隨著時間推移的變化，從而理解客戶群之間形成差異的原因。

　　‧嘗試其他行銷策略（例如：以刺激消費為目的的

行銷策略），並分別分析兩組客戶群的消費結果，從而意識到企業應該為每組客戶群制定不同的行銷策略。

・根據我們對不同客戶群的了解，調整企業在吸引和維繫客戶方面的投資。

在分析 blob 對象的消費數據時，由於我們用橢圓資料集代替了最佳擬合線，企業的行銷策略、定價策略、產品開發和忠誠計畫都得朝著全新的方向發展。

那麼，我們該如何確定，在兩種數據分析方式中，究竟哪一種才是正確的？在後面的章節中，我們會討論這個問題的完整答案。

關於維度

既然我們已經花了一些時間，來觀察二維平面圖中的 blob 數據分布，那麼，不妨再花一些時間，思考一下維度問題。在上述的數據分析中，我們考慮了每個 blob 對象的兩種資訊：

一是客戶關係持續時間，二是消費水準。

想了解客戶群的基礎「形態」，我們就須將這兩種資訊放在同一張座標圖中，作為兩個維度來考慮。在這個例子中，座標橫軸代表的是客戶關係持續時間，縱軸代表的是客戶每週的平均消費金額。

將每個客戶的兩個資料點作為獨立維度來考慮，對於我們觀察客戶群的特徵，不只是有用而已。在後期分析數據時，我們還會用到許多數學方法，這些方法本質上都與圖形有關，或用數學家的話來說，都與幾何有關。前文提到的最佳擬合線，就是一個很好的例證。

所以，如本章中的各圖所示，將不同 blob 對象的兩種數據，作為坐標系中相互垂直的兩個維度，是十分正確的。

不過，**假如我們還擁有 blob 對象的第三種資訊，又該如何是好？**如果除了客戶關係持續時間和客戶在實體店鋪的消費金額之外，還知道客戶的線上消費情況時，該怎麼辦？

　　我們可以設置 0％至 100％的占比，來衡量客戶的線上消費水準。如果要在圖中添加第三種維度，仍舊（勉強）可以像之前那樣，直觀的看到客戶數據的分布，如下頁圖表 3-3。在這張簡單的圖中，希望你也能發揮想像力，在三維空間中讓這張圖動態旋轉起來，從不同角度去觀察數據分布，找到不同客戶群之間的線性關係，正如我們在二維平面圖中做到的那樣。

　　如圖中所示，將每種數據作為單獨維度展示，不僅能產生視覺上的直觀效果，在數值計算上也有同樣的意義。

　　本書提到了關於資料集的許多分析技巧，如尋找最佳擬合線或用橢圓（或圓圈）畫出客戶群範圍等。從本質上講，它們都巧妙的運用了數學方法。實際上，我們就是在運用數學方法，在空間中呈現數據，並觀察其形狀和分布形態。

　　可是，如果我們還有第四種資訊需要同時

考慮時，又該怎麼辦？或又增加了第五種，抑
或每個客戶擁有上百種不同的資料點？

　　進行思維跨越的時候到了。我們當然不會
去做一張包含上百個維度的圖，因為這顯然是
不可行的，我們不可能僅透過目測就看清這樣
的圖。

**圖表 3-3　客戶關係持續時間、平均消費金額
以及線上消費占比情況**

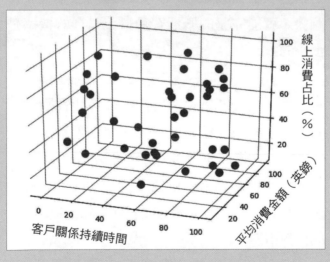

　　但有趣之處在於，從數學角度出發，這樣的多維分析與二維數據分析其實並無二致。電腦可以輕而易舉的畫出最佳擬合線，也可以在上百個維度的空間中圈出資料集。雖然最終的結果無法列印成圖片，但其分析結果完全能以報告的形式呈現出來，包括得到了哪些資料集、它們之間有何不同、如何最準確的描述它們等。

　　這不過是舉一反三。而在現實世界中，這恰恰是我們需要做的事。只透過兩種數據製作圖表，就能完整的概括客戶群，這樣的機率是很小的。

　　事實上，你當然希望盡可能了解客戶資訊，包括他們何時成為你的客戶、從你店裡購買了哪些產品、用什麼方式支付、住在哪裡、透過什麼管道知道你的店鋪、如何成為你的客戶等。資料科學就是利用上百種不同維度的資料集，來分析你的客戶、你的店鋪，以及你希望了解的任何情況。

不過不必擔心，為了簡單起見，本書只會借助二維平面圖，來探索不同的數據分析方式，研究 blob 對象的資料集。在每一個案例中，我們探討的二維數據分析技巧都和多維數據的分析技巧一樣。我們的目的不是成為數學家，因此，這一點無須多慮。

我只是希望，在開啟數據分析之旅時你能明白，當我們利用這些分析技巧面對自己企業的數據時，會用到更多維度的數據，但基本的方法依然相同。

言歸正傳

不論我們擁有多少關於 blob 對象的數據，我們作為企業的領導者，分析數據的實際目的都是透過分析數據圖表，來實現目標。

在接下來的兩章中，我們會探討業務數據的兩種基本分析方法，兩種方法都能帶來巨大的現實價值。在第

五章中，我們會了解如何透過建立模型進行科學預測。例如，在我們的客戶中，哪些客戶會在我們推出新產品之前參與預售，又有哪些客戶最有可能會選擇我們的競爭對手而離開我們。

不過，我們會先在第四章中討論一種相對簡單的數據分析方法。有時我們只想預測一個問題，建立模型會有些小題大作。我們只是希望簡單了解一下，客戶是屬於相同類型還是不同類型、是否具有不同的行為方式。那麼這時又該怎麼做？

在本章開頭，當我們嘗試在圖上對 blob 對象進行畫圈分類時，就是為了解決上述問題。現在，讓我們正式進入「數據細分」（data segmentation）的世界。

別輕易對客戶貼標籤

本章我們會探討一種最古老、也最常用的客戶資訊分析技巧，看看它究竟何時對企業有價值，以及為什麼有價值；同時探討這種方法在哪些情況下，會分散我們的注意力，導致浪費時間和金錢。

在上一章，我們透過畫橢圓形，成功的將圖中的blob 對象分成兩組。在分析企業數據時，這種分組的方法十分常見，也很管用。在實際操作中，假如我們確實能將客戶群劃分成為數不多、彼此不同的幾個組，每一組客戶都具備相近的特徵，那麼，這可能是分析企業經營情況的一個好辦法。

這種對客戶群進行分組的做法被稱為「細分」。這種方法很有效，因為透過考察客戶的購買行為，我們就能細分客戶。

舉例來說，在賣筆記型電腦的商店中，你會看到下列幾類截然不同的客戶：

・精通電腦技術的年輕遊戲玩家，希望配備最新型號的顯示卡、最高規格的配置，隨時準備「應戰」。

・老年上網群體，希望用筆記型電腦發送郵件給朋友、使用社群媒體，但對電腦、電腦病毒和相關網路騙局心有餘悸。

・幫孩子購買筆記型電腦的家長，以完成學校作業為最終訴求。

細分類型的特徵

上述 3 類客戶分別代表某一個細分類別，這些假設看起來非常合理。讓我們來仔細思考一下，這究竟意味著什麼。

假如他們每人都代表一類細分客戶的話，那我們還須搞清楚下列情況：

・他們代表著一類具有相似需求和關注點的客戶群，也就是說，這群客戶的特徵是一致的，並不是隨機的一群人。

・該客戶群的數量夠大，有一定程度的市占率，是

值得公司考慮的目標行銷客戶。

　　‧該客戶群容易識別，透過觀察購買行為或分析客戶數據，能將某位客戶準確的歸類至該類細分類別。

　　‧該客戶群特徵明顯，換句話說，其購買需求（該客戶群需要的產品資訊、他們接受的行銷話術以及他們想買的產品）是與眾不同的，值得公司針對該群體單獨制定專門的行銷策略。

　　‧公司具備該客戶群的聯繫地址，公司可以向他們發送專屬行銷資訊，有制定專屬行銷方案的可能性。

　　‧針對該客戶群，公司採取的任何行銷措施都可以量化。

　　所以，當我們確信老年上網人群這個群體滿足上述所有特徵時，就可以認為，公司能將老年上網人群作為一類細分客戶，為他們制定專屬行銷方案。

　　如果我們能將購買筆記型電腦的客戶分成為數不多的幾類（比如包含前文提到的 3 類客戶在內，總共 5、6 類），而這幾類細分客戶也同時滿足上述條件的話，公司就可以開始比較和分析每類細分客戶的銷售情況、市占率、回報率，以及其他 KPI。

公司可為每類細分客戶制定不同的行銷方案，比如提供不同的產品及推薦資訊，並培訓公司銷售人員且制定獎勵政策，鼓勵銷售人員識別細分客戶，根據每類細分客戶的特點，有的放矢的行銷等。

如果我們只憑直覺判斷，會認為上述所有做法都是正確的，而許多公司也本能的認為：他們的客戶群也是由這樣幾類細分客戶構成，儘管他們並不曾具體的考察過細分的結果。

細分未必總能解決問題

可是，細分客戶這一問題並不簡單。在你要求數據團隊（data team，資料團隊）或外部顧問細分公司客戶前，一定要三思而後行。在多重因素的影響下，細分客戶有可能會**分散公司的精力，甚至浪費公司的時間和資源**，使銷售業績和行銷效果不僅沒有變得更好，反而變得更糟。為什麼我這麼說？

談到建立細分模型的陷阱，就必須提到在定義有價值的數據細分類別時，我們所設置的前提條件。我們可以列出全部的條件清單，並瀏覽一遍，然後點頭執行，

建立起客戶細分模型，使客戶情況一目瞭然。想有效的細分客戶，上述每一個條件都至關重要。但在實踐中，**細分客戶完全滿足上述條件的機率並不高**。不妨來看看以下關於細分客戶出錯的案例（完全真實）。

對客戶貼標籤，可能導致遺漏

我曾與一家電影院合作，該影院聘請了一位外部顧問，負責細分其觀影客戶。外部顧問配合影院，利用掌握的客戶資訊和觀影情況，制定了一個客戶細分計畫。下面讓我們一起來看看。

透過前面的鋪陳，我們相信（憑直覺），影院得到關於各類細分客戶的具體描述具有意義。

影院按年齡細分客戶：年輕的客戶可能會在約會或企業員工電影日時看電影；年長的客戶則會帶著孩子，選擇在不同時間，出於不同原因去看電影。影院還按照電影題材細分客戶（由於案例中的主角是一家影院，電影題材顯然是一個區分標準；對於連鎖餐廳或是其他零售商而言，也能找到同樣適用的相應標準）。

截至目前為止，並沒有什麼問題，但是這個細分操

作（以及許多類似的操作方式），並不能通過「該怎麼辦」的考驗。

假設我們已經根據所有消費行為（及客戶情況），將客戶分成了 7 個細分類別，接下來我們該怎麼辦？我們可以根據客戶的細分類別，調整現有行銷管道中的部分方式（主要是電子郵件），而其他行銷方式則很難制定，比如社群媒體、新聞及各類線上行銷等。

從這個意義上講，**如果無法透過簡便的方式，將不同資訊傳達給每一類細分客戶，那細分又有什麼意義？**

換一個角度看，問題甚至會更加明顯。假如我們使用的銷售方式能根據客戶的差異，為其量身制定行銷服務，那又何苦將自己局限於區區 7 個細分客戶類別？

或許根據人口特徵資訊和觀影習慣，你被貼上了某種細分標籤，被歸類為「對恐怖片和驚悚片感興趣的年輕人」。但現代分析技術已能根據客戶曾觀看的電影發送個性化郵件，所以，又何必定義客戶屬於哪種分類？

你或許看過不少恐怖片，卻仍對音樂劇很感興趣。所以，**在細分客戶的過程中，任何對客戶以往觀影經歷的具體觀察，都有可能被遺漏掉。**

進退兩難

上述案例表明，細分客戶的做法存在一個通病。有效的客戶區分標準和實際的行銷效果之間，總是存在著矛盾。客戶類型分得越細，就越容易陷入細枝末節，比如上文提到的既愛看恐怖片又對音樂劇感興趣的客戶；而如果你沒有考慮過這樣的極端情況，只是建立了數量有限的細分種類，那麼，對細節的考慮可能會不夠周全。

在考慮應該如何細分客戶時，這種糾結展現得尤為明顯。透過了解客戶數據所獲得的許多好處，全來自你與客戶群體的溝通方式。顯然，我們都傾向於對與自己有關的資訊做出積極回應。而絕大多數的溝通方式，都可以劃分為以下兩類：

• 第一類是具有高度個性化的直接溝通方式，例如電子郵件、電話推銷、應用程式中的推播通知等，行銷資訊可以根據客戶的個人情況靈活調整。

• 第二類是範圍更廣泛的行銷方式，例如各類廣告、社群媒體平臺推送等，可以讓更多的不同客戶接觸到行銷資訊。

　　所以，隨著技術的發展，在這兩類不同的行銷方式（或與客戶的溝通方式）之間，客戶細分恐怕會陷入進退兩難的處境——個性化的細分雖然能透過電子郵件等方式，帶來最佳的行銷效果，但也產生了過於細化的行銷資訊，導致如果採取傳播管道更廣的行銷方式，則無法精準的推送訊息給正確的受眾。

　　事實上，正如下一章要討論的，近幾十年來，資料科學家在理解客戶數據的能力方面，最大的進步之一就是能借助大型電腦和更複雜的模型，為單獨的客戶群體（細分客戶）量身制定行銷資訊。從這個意義上來說，將客戶細分為 5 ～ 6 類的經典做法可以說已經過時了，如果今天還照搬這一套，等於是歷史倒退，回到了原來那個無法做到高級別細分的時代。

細分是如何奏效的？

　　細分是一種非監督式數據分析技術，它不制定任何輸出目標，單純追求客戶類型。但所

有數據分析工作，不都為了解決具體問題嗎？

　　事實證明，區分數據類型、對數據分門別類的工作，必定會涉及資料科學家最愛的一種分析工具，那就是——**演算法**。演算法就是一串指令，電腦會執行該指令，直到計算出最終結果。排序和將數字分組，正是演算法最擅長的任務。

　　讓我們回顧一下上一章中的數據：它展示了每個 blob 對象平均每週消費金額和客戶關係持續時間之間的關係。我們利用橢圓形將數據劃分為兩組，形成兩個資料集。坦白講，我其實是自己用手畫出了這兩個橢圓，並沒有經過很嚴格的分析和計算。

　　但有一種著名的數據分析演算法，剛好能幫我們完成這項工作，它就是赫赫有名的 k-means 聚類演算法（k-means clustering，又譯 k- 平均演算法）。第 91 頁圖表 4-1、4-2 和第 92 頁圖表 4-3 展示該演算法的計算過程：

1. 隨機挑選出兩個「資料集中心點」，如圖表 4-1 所示。

2. 按照就近原則，將 blob 數據劃分到距離中心點更近的資料集中，如圖表 4-2 所示。

3. 在剛剛形成的兩個資料集的中心位置，重置新的資料集中心點，如圖表 4-3 所示。

4. 重複第二步和第三步，先劃分 blob 數據，然後重置資料集中心點，直到資料集不再發生變化。至此，我們得到了兩個輸出資料集。

為了得到兩個資料集（橢圓），我們根據演算法，首先隨機挑選了兩個資料集中心點作為起點，再按照就近原則，將 blob 數據依次劃分到距離中心點最近的資料集中，然後，重置得到的兩個資料集的中心點。接著再重複之前的操作，將 blob 數據重新聚類到距離新的中心點更近的資料集中，如此循環往復。

在觀察每一輪的數據變化時，你會發現，

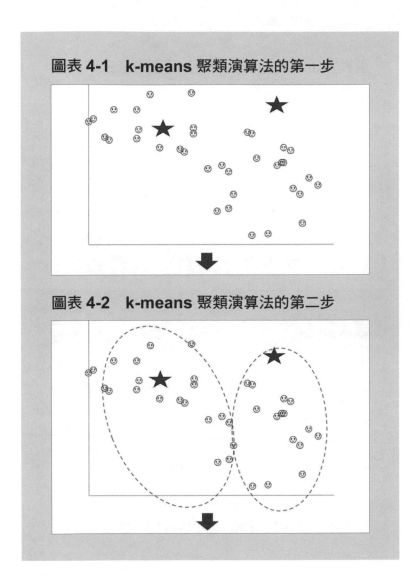

圖表 4-1　k-means 聚類演算法的第一步

圖表 4-2　k-means 聚類演算法的第二步

圖表 4-3　k-means 聚類演算法的第三步

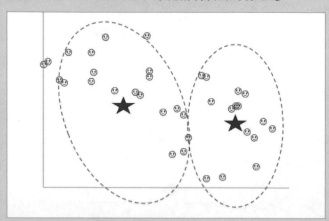

聚類過程類似於引力的效果。最終，隨著數據不斷聚類，中心點會慢慢移至兩個不同資料集的最佳中心位置。至此，我們便得到了理想的數據細分結果。

　　和最佳擬合線的案例一樣，電腦不須在意要處理的資料點多達數百萬個，其運算能力遠遠超出了本書中列舉的二維數據。因此，當客戶人數眾多，且每個客戶都擁有大量資訊點時，

電腦依然能將這些數據直接聚類至兩個最佳資料集當中。

　　透過觀察每個資料集的位置，我們可以回過頭來對其具體描述。在本案例中，一組資料集的客戶關係持續時間較長，但消費水準較低；而另一組的客戶關係持續時間較短，但消費水準較高。如果我們額外提供了關於 blob 對象的人口統計學數據或他們的年齡資訊，那麼，這些特徵也可能出現在對資料集的描述當中。

　　現在，我們已經透過以上聚類演算法，對細分的過程有了大致的了解。在實際工作中，我們還須多加注意以下幾點。

　　‧聚類演算法並非 100％有效（隨機挑選的兩個起點可能並不合適），所以經常須反覆運行多次。

　　‧聚類過程只能提供你要求的細分類別（本案例中為兩類）。如果需要更多細分類別，你可能須多次運行

該演算法，以觀察哪一種細分效果最佳。

　　•「效果最佳」是一種主觀看法。細分類別之間的區別可以用數學語言加以描述，但在現實中，細分類別數量的正確與否，也影響著有關細分客戶的描述對於你的團隊而言，是否真的具備實際意義。細分過程既是藝術，也是科學。

　　•最後，對你而言，聚類過程產生的細分結果可能有意義，也可能沒意義。所以，請務必確保輸出結果是可操作的，同時也是有意義的。

　　除此之外，市面上還有許多其他類似演算法。不過，在此類演算法中，k-means 聚類演算法的效果是最好的。

你對客戶了解多少？

　　其實，數據細分還存在另一個陷阱。如果你準備將客戶細分為不同類型，那麼，你手頭掌握的那些客戶數據就變得極為重要。消費型企業一般會掌握客戶的下列資訊。

・ 每個客戶的購買歷史，例如他們買過什麼、在哪裡購買以及什麼時候購買。

・ 關於客戶的描述性資訊，例如他們住在哪裡、使用過什麼付款方式等。

企業可能還掌握客戶的一些人口統計學資訊，這種說法略顯學術，但其實就是客戶的富裕程度、出國旅行的頻率、擁有房產及出租情況等。如今，很少有企業可以直接了解到客戶的這些實際情況，但在許多國家中，有不少數據提供商可根據你掌握的客戶資訊，推算出上述人口統計學變數。

例如，在英國，有些商務服務企業可根據客戶的郵遞區號，推算出他們的人口統計學數據。客戶的住址能說明很多個人情況。因此，有了完整的郵遞區號，就可將客戶的住址範圍縮小到幾棟房子，我們就能對一個客戶的許多方面，做出有用但未必100％準確的判斷。判斷內容越宏觀，準確性就可能越高，例如，客戶的收入水準等。

但就算我們假設所有買到的資訊都完全準確，也很難勾勒出一個客戶的完整形象。假如兩個人住在對面，

由於房產價值相近，他們很可能擁有相似的財富和其他財務特徵。但如果其中一個人喜歡看終極格鬥競賽，而另一個人常看芭蕾舞演出，他們在許多事情上的看法很有可能大相逕庭。如果僅憑他們的住址，就將他們劃分為同一類客戶，未免過於草率。

無法正確歸類，就是白搭

我曾與一家訂閱服務企業合作。對於如何克服不精細的人口統計學分析所帶來的弊端，他們有非常獨到的見解——假如展開大量的客戶調查，了解客戶對一些事情的態度和購物興趣等種種細節資訊，就可以建立更好的客戶細分類型。這種做法在過去也的確有過成功案例。

事實證明，在細分客戶時，了解他們對一系列經濟、政治的觀點和意見，以及對存錢好還是消費好的看法，還有對尖端科技和其他許多事情的態度，對於成功分類很有幫助。把以上所有資訊輸入到細分機器中，客觀的完成分類，就能得到更有用的細分類型。

而接下來的問題就是，下一步該怎麼做。我們得到的客戶細分類型是很有用的，但如果不了解每一位客戶

的詳細資訊，又該如何識別這些客戶，將他們正確歸類到相應的細分類型中？我們透過對一部分客戶展開調查，才得到客戶的細分類型。然而，如果逐一調查資料庫中剩下的數百萬客戶，將是一個巨大的工程。

回頭再來看我們原來的細分標準，就不難發現，該做法存在一個識別困難的問題。就算細分類型做得再好，無法正確歸類每位客戶，或者說歸類的成本極高，那也是白搭。

細分的當前價值

目前，我們得出的結論是，從直覺上看，按照客戶的共同特徵對其細分是有道理的，而且出於本能，我們確實會這麼做。然而，在實踐中，這種做法可能很難為公司帶來有意義的結果，也無法帶來利潤。

那麼，細分客戶算是在浪費時間嗎？細分客戶是不是意味著，我們倒退回無法向客戶發送個人化行銷郵件的時代？從某種程度上講，事實的確如此。不過，實際情況還是存在一些合理的原因，讓你會考慮要細分客戶數據。具體而言：

・從制定策略的層面看，**對購買過公司產品的客戶進行分類是很有用的**，當各個細分類型能被量化，並產生一定規模意義時尤其如此。當你了解到老年上網群體的人數日益增多，但該群體的消費金額僅占公司收入的15％時，你就可以在制定公司策略時，不被人們在店裡碰到或看到的一些客戶傳聞左右。

・從公司操作的層面看，客戶細分過程也很有用。當然，你的一線行銷同事已經對客戶有了一定的了解，但透過探討客戶的細分需求和願望，可引發更有意義的新討論，**找到和客戶溝通交流的最佳方式，反過來提高員工培訓水準**。

・同樣的，了解關鍵細分客戶，還有助於推動產品研發和服務創新。

・最後，如果操作得當，細分客戶的成本其實並不高，也不須投入太多的時間和精力。

從純粹行銷傳播的角度來看，細分客戶的做法即便不再有用，但在公司的策略規畫和業務發展等其他方面，它依然大有助益。在某些情況下，將細分客戶類型加入行銷報告中，不僅可提前了解到客戶之間的差異，還能

追蹤不同的細分類型，針對不同市場的走向，調整相應的策略措施。

我們在前面描述了細分客戶的具體做法。這是一種非監督式數據分析技術，也就是說，我們在開始這項工作時，**並沒有設立具體的分析目標**。我們並沒有試圖預測什麼，比如哪些客戶會購買某款特定產品，或哪些客戶最有可能完全放棄我們的公司；我們只是想知道，在掌握的數據中，是否存在任何有意義的客戶分布模式。

除了上述以客戶為中心的案例之外，其實在其他領域，這種非監督式數據分析技術也有用武之地。某些零售商會分析客戶的購物車，找出經常被同時購買的產品組合。事實上，客戶在網路購物時常看到「其他推薦商品」，就屬於這種情況。網飛公司（Netflix）也採取了同樣的做法，根據使用者以往看過的節目，來推薦其他相關節目。

這種推薦方式，源自名為「協同過濾」（collaborative filtering）的非監督式數據分析技術。它會過濾產品的所得評分和客戶的購買行為，將某客戶打出高分的產品，推薦給與該客戶屬於同一類型的其他客戶。

擁有多家店鋪的企業，也可以利用此類資料集或數

據細分演算法，幫不同的店鋪和賣場分類，也就是根據其所銷售的商品及各類業績指標，將其細分為不同種類。在本書第二部，我們將列舉此類成功案例，並研究零售商是如何利用數據，判斷未來發展趨勢，並優化其店鋪。

從我們探討的每一個案例中，幾乎都不難發現，非監督式數據分析技術具備其自身的優勢，是劃分大資料集和推動重要業務討論的好方法。

不過，對於一些更具體的問題，非監督式數據分析技術不一定是最有效的方法。如果想知道哪些客戶最有可能購買一款新產品，或哪些會員最有可能在下一年被取消會員資格，僅對客戶群進行一般性描述是不夠的，我們需要一整套分析方法，有針對性的回答具體問題。

這套分析方法就是監督模型（supervised model）。有了監督模型我們就能領略到，「預測」作為一種藝術和一門科學的迷人之處。

預測模型：關注購買意願更強的客戶

本章會從細分等非監督式數據分析技術，轉向更有針對性的分析模型，並借助這些模型預測未來。

如果細分的意義，在於描述客戶群（或分店、產品及企業其他部門等），那麼按照邏輯，下一步就應該是**利用數據預測未來**。因為正是這些預測，可以為我們提高獲利能力以及其他關鍵績效指標，並指明接下來的工作方向。

哪些類型的事情值得我們預測？這一問題的答案不勝枚舉，不過一般而言，我們會從下列問題開始。

· 對於某位特定客戶而言，我們的哪些產品最有可能成為他接下來會感興趣的產品（購買產品的邏輯排序模型）？

· 哪些客戶最有可能離開我們，並轉向我們的競爭對手？（假如我們是一家訂閱服務企業，是否該考慮取

消這些客戶的會員資格？）

‧ 與競爭對手相比，我們的哪些店鋪或銷售據點的業績高於或低於同業水準？

‧ 針對某款特定產品，制定促銷價格或一次性調整售價，會獲得什麼樣的客戶回饋？

‧ 某些特定產品以組合形式出售時，銷量是否會更好？如果更好，是否應該對其進行捆綁銷售？

‧ 如果我們提供信貸服務，哪些客戶有可能成為優質還款客戶？相比之下，哪些客戶的呆帳風險會更高？

針對上述每種情況（以及更多其他情況），如果我們能充分了解企業正在經歷些什麼，或許就能進一步預測企業將來會發生什麼事。哲學家稱之為「歸納推理」（inductive reasoning），也就是透過對世界的觀察得出相關結論，這些結論很可能會成真，但無法保證一定會成真。

比如，如果我透過觀察，發現在試穿了某款鞋子的顧客中，有很高比例的顧客最後都掏錢購買了，那麼從數學規律上看，我不能確定下一位試穿該鞋子的顧客是否會購買，但可以確定的是，這雙鞋子是一款暢銷產品，

對許多顧客都具有吸引力。

　　對資料科學家來說，這是一個相當廣泛的領域。對於任何一家願意向「以數據為中心」轉型的企業而言，這也是一個宏大的話題。總體而言在預測未來時，我們應用的一系列分析技術，通常包括以下共同點：

・有明確的預測對象，例如，某位客戶是否存在產生呆帳的風險。

・蒐集曾有過相關行為的客戶的大量歷史數據（客戶此前是否曾產生過呆帳），以及其他相關資訊。

・在預測對象和其他變數之間做出假設，例如，一個客戶產生呆帳的可能性，是否與其住址、客戶持續關係以及支付方式有關。

・在蒐集到可能影響預測結果的所有數據之後，建立最佳擬合模型，將歷史數據與歷史結果盡可能的匹配。這個匹配過程也就是機器學習的過程，電腦會根據模型，反覆調整所有參數，直到歷史資料庫的預測與歷史結果達到最佳匹配為止，正如我們之前討論的最佳擬合線的案例。

於是，我們就得到了預測模型。這個模型代表我們可以根據已知的客戶數據（或店鋪、產品數據等），預測未知的未來。

行為預測——呆帳模型

下面，讓我們來研究呆帳模型案例，利用真實且一目瞭然的建模技巧，建立一個樹狀模型。

首先，我們須蒐集 blob 對象的歷史樣本。在這些樣本中，有一部分最後成了呆帳客戶，而剩下的則成為優質還款客戶。一開始，我們假設 blob 對象全部集中在一個房間裡，優質客戶和呆帳客戶隨機混合在一起。

從表面上看，很難將他們區分開來。如果隨機挑選一個 blob 對象，你根本不知道他究竟是不是呆帳客戶。假如樣本中，包含 5 名呆帳客戶和 5 名優質客戶，那麼最終，你只有 50％的機率能挑選出正確的呆帳客戶。（我當然會建議你蒐集多於 10 人的樣本，此處以 10 人為例，只是為了便於理解。）

那我們該怎麼做才能提高正確率？其實，我們還掌握著關於 blob 對象的其他數據，而這些變數都可以成為

有用的線索。找到線索的方法之一，就是根據我們所掌握的其他數據，**將 blob 對象分為兩類**。

比如，我們可能知道 blob 對象的年齡，因此可以將他們分為兩組，一組年齡在 50 歲以上，另一組年齡在 50 歲以下。我們可以想像，所有年齡在 50 歲以上的 blob 對象都走進一個房間，而年齡在 50 歲以下的則走進另一個房間。這種想像可以讓整個過程變得更具體。相關步驟如下：

1.「優質」和「呆帳」blob 對象同處於一個房間中，隨機混合（見圖表 5-1）。

圖表 5-1　兩類 blob 對象隨機混合

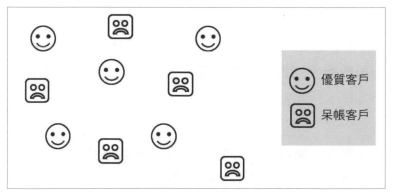

2. 根據年齡將 blob 對象分到兩個房間中,讓數據看起來更「有序」(見圖表 5-2)。

圖表 5-2　兩類 blob 對象分別處於兩個房間

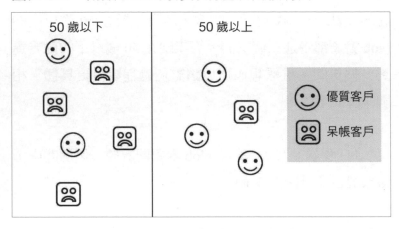

3. 根據新的變數(城市居民還是農村居民),將這兩組數據分別劃分為新的兩組,使優質和呆帳數據更有序(見下頁圖表 5-3)。

現在,當我們隨機選擇一個 blob 對象時,會發生什麼?這取決於我們置身於哪一個房間,以及呆帳客戶在

圖表 5-3　將兩類 blob 對象再劃分

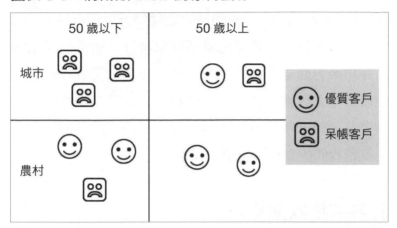

年齡上的偏離程度。

　　如圖表 5-3 所示，大部分呆帳客戶都來自 50 歲以下的那一組。在 blob 對象中，共有 6 人年紀在 50 歲以下，其中 4 人為呆帳客戶。所以，當你走進他們的房間並隨機挑選一個樣本時，你將有 2 ／ 3（由 4 ／ 6 簡化而來）的機率選中呆帳客戶。這個正確率顯然高於之前的 50％。相反的，如果你進入 50 歲以上客戶的房間，選中呆帳客戶的機率僅為 1 ／ 4，那麼我們選中呆帳客戶的機率也就相應降低了。

　　根據這一、兩個變數，幾乎區分了呆帳客戶和優

質客戶。用資料科學家的話來說，我們做到**資訊增益**
（information gain），使隨機的數據變得更加有序。

當然，分組的效果也未必都這麼好。有可能呆帳客
戶在年齡方面分布相對平均，將 blob 對象分成兩組後，
並沒有改善數據的有序性。事實上，我們在根據不同變
數來分組時，所獲得的資訊增益也不盡相同。而這，恰
恰就是我們建立預測模型的線索。

行為的樹狀演算法

樹狀演算法的工作原理是：分析我們掌握的關於
blob 對象的所有數據，得出如何劃分 blob 對象才能做到
最大的資訊增益，也就是說，**看哪種劃分方式最可能將
所有呆帳客戶分到一個房間，將所有優質客戶分到另一
個房間。**

在做出上述劃分後，演算法會繼續考察其他變數，
判斷是否可以利用其中任一變數，繼續劃分以得到更完
善的結果。最後，經過多輪劃分，我們會得到一個樹狀
圖形（見下頁圖表 5-4），將數據從最初的隨機混合狀
態，劃分為我們能想到的一小塊、一小塊最佳有序狀態。

從公司的角度看，這就是一張組織機構圖。

圖表 5-4　完成後的樹狀圖

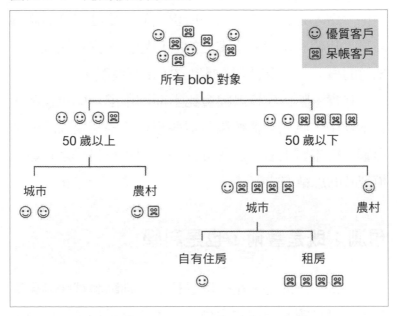

在一番認真研究後，我們得到的最佳呆帳客戶分組，就位於圖表 5-4 中樹狀圖的底部。僅透過觀察劃分條件，我們就能明白，應該如何描述最可能成為呆帳客戶的分組特徵，例如：「年齡在 50 歲以下，沒有自有住房的城

市居民」。

　　現在，我們得到了一個簡潔的描述，我們不光能想到這些客戶的樣子，還能想到建立識別這些客戶的業務規則。這才是我們在本章中所提到的，廣泛建模的應得結果。我們利用手頭所掌握的客戶數據，去預測我們不知道的事，並利用歷史數據建立了預測模型。

　　其實，整個建模過程會比上面圖中展示的更複雜。在本章中，我們會繼續探討這些複雜性帶給企業的商業影響。從本質上看，這其實就是一個資料科學家在建立模型時的思維方式。

預測：既是藝術，也是科學

　　值得注意的是，在整個過程中，**判斷和試錯的頻率之高，可能會超出你的想像**。為了建立呆帳預測模型，**我們須蒐集客戶的歷史資訊**，了解誰曾（或未曾）出現過還款違約的情況。至於我們應該蒐集多少數據、能蒐集到多少相關資料點，則取決於業務的具體情況和判斷重要資訊的經驗。

　　如何判斷，這是一個主觀問題。如圖表 5-4 所示，

第一次劃分標準是客戶年齡。其實，我們不必非按 50 歲來劃分不可，40 歲、60 歲或其他年齡也可以作為劃分條件，且都會帶來不同的結果。我們也不必一律劃分為兩組，可以將客戶劃分為三組，如 30 歲以下、30 ～ 50 歲以及 50 歲以上。不同的選擇，會影響樹狀模型結果的品質。因此，只有透過大量嘗試不同的劃分條件，才能得到想要的結果。

資料科學家還面臨著另一個挑戰。在真實模型中，每個客戶的數據變數可能高達數百個，其中，有許多變數是相互關聯的。如何梳理這些變數，並將最佳變數組合濃縮至預測模型之中，是一項複雜的技術挑戰。

在第三章，我們提到數據的維度問題，也提到在現實世界中，分析工作經常會碰到一個資料點，存在數百個不同維度的情況。令人欣慰的是，我們得出了結論，認為透過數學方法和計算技術，可以處理好多維度數據的分析任務。事實上也的確如此。

不過，**當數據的某些維度彼此緊密相關時，數學和電腦就無用武之地**。在這種情況下，我們所探討的數據分析技術，可能會在輸出結果時出現偏差。因此，在許多資料科學專案中，正確理解數據，找出數據之間的內

在關聯性，並**挑選出彼此有明顯區別的數據**，是至關重要的一步。

綜上所述，建立一個預測模型，並非如同按下按鈕那般輕而易舉。有優秀、有效的模型，也有不太有效的模型，我們須不斷嘗試和試錯，才能找到匹配劃分條件的最佳方案。

各種模型種類

在本書中，我們不會去學習如何建立複雜的電腦模型。不過，在認識建立預測模型的一般方法後，了解我們可能建立的模型種類，也會帶來幫助。

建立模型是為了解決公司的問題，而正確的模型，當然也有不同的「風格」。區分不同類型的模型有一個辦法，那就是觀察其產生的結果屬於哪種類型。

分類模型（classification model）試圖將客

戶（產品、店鋪或其他分析對象）分成不同的
類別。我們在本章所列舉的呆帳案例，就屬於
此類模型。

　　我們為可能出現還款違約的客戶安排了一
個房間，為不太可能違約的客戶安排了另一個
房間，模型的目標是根據我們對客戶其他資訊
的了解，將每個客戶歸類到兩個房間中的一個。
正如我們看到的，透過查看違約客戶（以及未
發生違約的客戶）的歷史數據來歸類，並在我
們知道的關於這些客戶的其他數據中，嘗試分
析哪些資訊與其違約行為有關。

　　回歸模型（regression model）處理的是機
率問題，而不是將客戶簡單的歸類到不同房間。
向客戶發出某個產品的行銷資訊時，我們或許
會問，該客戶對該行銷資訊做出回應，並購買
該產品的機率有多大（0%～100%之間）。在
這種情況下，也需要建立一個基於歷史數據的
模型，只不過期待的輸出結果是一個百分比，

而不是某個房間中的某一類客戶。

前面探討過的**樹狀模型**，其作用是透過不斷輸入能解釋結果的單一變數，反覆細分數據，循環往復，越分越細。我們在前文中已經看到，其結果以樹狀呈現。但也可換另一種視角，將其視為對數據圖上的數據，進行一系列垂直和水準的分割。下頁圖表 5-5 透過兩輪數據分割闡釋了這一點，其中第一輪的分割條件是信用評分，第二輪的分割條件是客戶關係持續時間。

我們還可以建立**參數學習模型**（parametric learning model）。這種模型的目的與樹型模型相同，但在數學的表達上會更加精確，不再是根據單一變數來分割數據，而是在不同的資料點之間，畫出方格狀的邊界（就像我們之前畫的橢圓），對數據更精確、更有效的分割。

具體案例既包括簡單線性回歸（如下頁圖表 5-6），也包括更複雜的回歸，使不同區域數據之間的邊界更精確（如第 116 頁圖表 5-7）。

圖表 5-5　樹狀分割

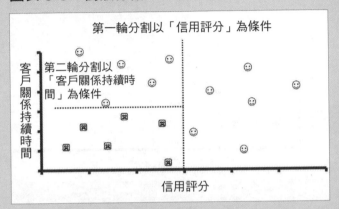

圖表 5-6　簡單線性回歸

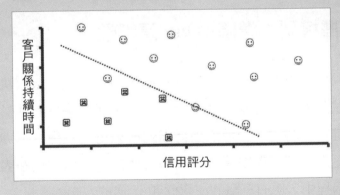

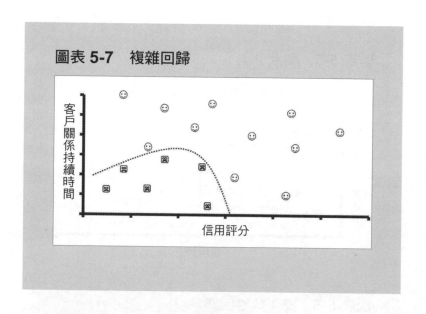

圖表 5-7　複雜回歸

選擇模型：準確性 vs. 清晰性

　　哪種模型才是適合你的正確模型？顯然，這取決於你試圖解決什麼樣的企業問題，也可能取決於其他具體情況。有時候，一種模型得出的結果可能在數學準確度上更高，**卻很難對業務人員解釋明白**，所以我們在表述的過程中，應有意識的注意此類情況。

　　在上面的例子中（圖表 5-5），樹狀模型以信用評分

為條件，進行了第一輪數據細分，因為所有呆帳客戶的信用評分都低於某個門檻。然後，它又以客戶關係持續時間為條件，進行了第二輪數據細分，因為即使是信用評分較低的客戶，假如其客戶關係持續時間較長，也是會及時還款。

因此，該模型的實際輸出結果是，「呆帳客戶是那些信用評分低於 x 分，且建立客戶關係時間低於 y 月的客戶」。這樣的結果就很容易解釋明白，也便於企業採取應對措施。

但同時，我們還須意識到，在更複雜的模型中，就算提出清晰的結論，企業也很難採取相應的行動，而是要繼續借助模型來判斷。例如在圖表 5-7 中，複雜模型產生了更複雜的曲線，得出「呆帳客戶位於不規則曲線的下方」的結論，在這種情況下，企業做出的關於新客戶的每一個決定，都須透過模型計算得出，來了解新客戶在曲線上的具體位置。

不管怎麼樣，確定建立哪一種模型，都是數據團隊的分內之事。但只有當管理團隊都清楚自己的問題所在，也明白應該根據數據分析的結果採取哪些行動，數據分析的結果才能發揮更大的作用。

確定建立哪種模型

顯然，無論要求數據團隊建立什麼類型的模型，我們都須提前布局，從整個業務考慮一些關鍵步驟。創建預測模型不只是數據分析團隊的專利，因為它不是純粹的學術行為，而是需要其他業務團隊參與配合的任務。

所以，須與企業的領導決策團隊（包括分析專家）一起討論，研究究竟預測哪些內容才對企業有用。在討論這個問題的同時，還應該考慮企業想成功，必須完成哪些關鍵任務。我們還應思考，一個出色的數據分析模型，會在哪些方面提供具體的幫助。

• 在制定和定位行銷活動方面，預測模型的作用不言而喻。

• 對於買方而言，企業透過數據分析產生的結論，又有何幫助？

• 能否提高銷售人員和商店其他人員的招聘和培訓工作水準？

• 能否優化店鋪的經營管理能力和庫存水準？

• 如何透過準確預測未來的銷售情況，改善線上銷

售業務？

• 物流環節的操作能否更加順暢？

• 如果能預測客戶何時會撥打客服中心電話，能否更加合理的配置資源？

在研究能改變經營規則的數據分析案例時，這種**全面梳理企業業務所有關鍵操作流程**的做法，是一種非常好的途徑。

本書在後面的第三部中，還會探討一個真實存在的風險。藉由數據分析，將行銷郵件寄給正確客戶是一種絕佳方法，但有可能在行銷溝通環節上出問題。本書第十三章會說明創建「電郵工廠孤島」（email factory silo）的做法，有時讓我們錯過，在企業其他部門獲得的巨大回報。

區分緊急與可等待的郵件

英國線上生鮮雜貨零售商奧卡多（Ocado）超市是本案例分析的主角。奧卡多的前身是一家技術公司，而非傳統零售商。在業務經營的許多環節中，奧卡多都用到

本章討論的複雜預測模型。其聯絡中心就是一個很好的例證。透過建立模型，該超市將收到的客戶郵件分類，對須立刻回復的緊急郵件、可以等待的郵件進行區別處理，從而提高了服務水準。超市藉由該投資，獲得最佳回報。

在這個案例中，有兩點值得我們深思。首先，奧卡多將以數據為中心的業務原則，**應用於行銷優化之外的業務**。這一策略展現了在公司的任何部門中，只要巧妙利用數據分析，都可以帶來有益回報。其次，奧卡多**沒有用超級電腦完全取代人工客服**，而是讓電腦完成機器擅長的工作（比如對巨量數據進行分揀和歸類），同時讓客服人員來完成人工更擅長的工作（比如理解客戶的心情，並為其提供服務）。

我希望讀者在本章結束時能了解到，其實分類的整個操作過程十分簡單。

首先，數據團隊蒐集一些歷史郵件，其中有些郵件的內容比較緊急，有些則不然。其次，數據團隊利用與郵件相關的其他資訊，例如寄件者資訊、到店購買時間，以及最重要的郵件措辭等，建立了一個模型，盡可能將這些歷史郵件分類。在完成建模後，數據團隊將得到的

模型應用於處理收到的新郵件，為企業帶來了收益。這種操作也是你的企業能做到的事，不是嗎？

預測模型的陷阱

在你準備與管理團隊討論的重要問題中，如果包括打算讓數據分析團隊建立哪些模型，那麼後續的問題將是：等模型建立之後，你接下來打算做什麼。

同樣的，我們將在第三部中對此充分討論。不過，當我們考慮可以建立哪些種類的數據分析模型時，也應該知道需要對哪些問題格外小心。你的數據分析專家可能會發現其中一些問題，並加以解決，但如果你打算在企業內部運用預測模型，最好也要對這些模型帶來的陷阱有所防備。以下列舉了其中四個相關陷阱，第五個由於其特殊性，我們將在下一章單獨說明。

1. 過去未必能預測未來

本章我們討論的預測模型都是以歷史數據為基礎，預測未來可能發生的事。就數據分析而言，過去往往是一個很好的起點。至於無法利用過去的數據去預測未來

的情形，我們也需要及時思考。

　　預測模型外部情況的變化，就屬於需要及時思考的情形之一。這些變化可能發生在你的企業之外，比如**新技術的產生或客戶生活的變化**等。這些變化徹底改變了許多大型零售商的處境，讓他們的銷售預測模型派不上用場。當然，你也可能引發這樣的變化，比如：**你改變了銷售產品的管道**，那麼，你的銷售預測模型同樣也無法應對這種改變；如果你更換了某種產品的供應商，而其提供的**產品出現了品質問題**，那麼，你的客服中心的需求模型也不可能馬上做出反應。

　　因此，在現實中，我們應該經常檢查這些建立在過去數據基礎上的預測模型，因為它們是透過識別歷史數據的分布，對未來進行預測。這些預測的前提假設是，許多情況是持續穩定的，我們可以放心使用這些預測結果。但我們要時刻牢記的是，其外部條件是會變化的。

2. 模型有可能過猶不及

　　等等，這怎麼可能？在建模時，目標當然是建立一個準確的模型。沒錯，但你有可能做過頭了。試想一下前文提到，利用模型預測呆帳客戶的案例。我們利用了

一組歷史客戶數據，其中既有呆帳客戶，也有優質客戶。我們還掌握了這些客戶的其他數據，包括他們如何付款、住在哪裡等。

　　但讓我們看看「客戶住址」推導得出的邏輯結論是什麼。如果我提供了所有客戶的真實住址給電腦模型，那麼它可以建立一個簡單的預測模型，推導出類似「住在這棟房子裡的人會成為呆帳客戶，而住在其他房子裡的人不會」的結論。

　　將歷史數據套用於該預測模型時，其準確率可高達100％，因為該模型實際上就相當於是對客戶的分組；然而，它並不具備任何預測價值，因為我們將要預測的下一個客戶，可能根本不住在相同的地址。

　　這聽起來似乎有些荒唐，但在此類模型中，這種極端案例卻經常發生。這種情況被稱為「**擬合過度**」（**overfitting**），也就是說，在建立模型時，我們將大量過於詳細、瑣碎的資訊放入模型中，並允許模型對其進行運算分析。從視覺上看，擬合過度的結果就是導致這條曲線波動得很厲害。你只是得到了一條圍繞所有歷史資料點波動的曲線而已，它並不能真正幫你預測未來。

　　幸運的是，有一種方法可以幫你在建模時避免出現

這種情況，那就是**加入一個對照組**。

　　想建立一個最有效的預測模型，就不能將其建立在你掌握的全部歷史數據之上。相反的，你需要保留一部分歷史數據用於測試，用剩下的數據來建模，然後將模型應用於對照組數據，檢查預測效果如何。

　　隨著輸入模型的數據越來越細，出現數據擬合過度的可能性也越來越大。接下來，模型對所輸入歷史數據的預測效果也越來越好，但對照組的預測結果可能毫無改善。透過觀察試驗進展，資料科學家會設法讓預測模型的準確性最大化。

　　企業管理者要格外注意的是，得到一個預測模型時，一定要詢問對照組數據的預測情況。這樣一來，就可以**避免預測模型具備強大的事後分析能力，卻毫無事前預測能力的情況**。我遇過一些大型企業的領導決策人員，在數據分析方面投入很多，卻沒有引入確保預測模型有效性的對照組，結果，他們一直無法正確衡量這些數據分析結果的價值。大家要注意避免這種情況。

3. 難以預測不常見的結果

　　我們不妨想像一下，你有一張彩券將於今晚開獎，

於是你請我幫忙，建立一個預測你中獎結果的模型。

　　這個要求不難。我只須寫一行程式碼，敲出「不，你不會中獎」即可。因為中彩券大獎的機率極低，差不多上千萬人中只有一人中獎，至少在英國是這樣。我這個預測模型的準確率高於 99.99999％。我如此出色的完成了任務，是不是應該發一大筆獎金給我？

　　相信你已經發現，我的模型雖然準確性出奇得高，卻完全沒有用處，因為它沒有預測任何事。**僅憑準確性，並不能衡量一個預測模型的效果好壞。只要預測的是不常見的結果，就會出現這個問題**。例如，在衡量罕見疾病的醫學實驗能否成功時，雖然預測實驗失敗的準確性很高，卻對現實沒有任何幫助。

　　從企業的角度看，如果我們試圖預測不常見的結果，在建模時一定要特別注意這個問題。一旦出現了這種情況，其結果要麼毫無用處，要麼非常有價值。例如，我們想辨別哪些人是潛在違約客戶，或在銷售產品之前識別哪些產品是有瑕疵的，這些不常見的預測結果就非常有價值。

　　幸運的是，在多數情況下，我們還有比總體準確性更好的衡量指標。例如，模型將優質客戶錯誤的列為潛

在違約客戶的百分比等，可以作為衡量指標。事實上，也可以雙管齊下，同時運用上述兩種衡量指標，得出預測模型準確性的綜合評分。

同樣的，具體採用哪種衡量標準也是由數據分析團隊制定。我們的主要收穫在於，意識到模型採取的衡量標準是什麼，對準確性高達 99％的模型保持警惕，因為它並沒有預測 1％的情況下會發生的事。

4. 即使模型被構建得非常好，其結果也未必值得執行

我們前面討論了衡量預測模型成功與否的標準，這讓我們聯想到了成本效益，而這是個十分現實的問題。

蒐集數據本身可能就成本很高，在本書的第二部，我們會討論其中一些成本效益問題。就算數據都已經準備好了，且企業內部的數據分析團隊已經又快又好的完成了建模，成本問題依然值得關注。**這個成本，就是根據模型結果採取實際措施的成本**。

我繼續拿呆帳模型的案例來說明。假設我們已經建好了一個預測模型，來預測哪些客戶有可能成為呆帳客戶或優質客戶。在沒有模型時，新客戶中有 1％成為呆帳客戶，每一個呆帳客戶都給企業帶來了損失。而有了

預測模型之後，這個模型出色的辨別出潛在的呆帳客戶。比如把 100 位新客戶分成兩組，一組中有 97 人，他們肯定會成為優質客戶，而剩下的 3 個人組成了第二組，其中有一人肯定會成為呆帳客戶，另外兩人則是因為模型判斷失誤，而被分到這一組。

　　從單純分析的角度看，我們取得了非常好的成效。本來我們須從 100 個新客戶中，猜測哪一個是潛在的呆帳客戶，正確率僅為 1％，現在我們可以集中精力去分析這 3 個客戶，而且其正確率為 33.33％。就我們手頭所掌握的數據而言，預測結果的正確率如此大幅提高，是非常可觀的。在現實中，極少有模型能達到如此高的準確度。

　　不過，讓我們一起來看看，得到預測結果之後，下一步該做什麼。如果答案是我們將根據預測結果，拒絕為劃分到呆帳組的 3 個客戶提供服務，那麼「成本效益方程式」便一目瞭然——**拒絕了確定呆帳客戶省下的成本，是否大於拒絕了 2 個優質客戶所失去的潛在收益？**

　　答案是未必。由此可見，即便模型預測結果的準確性高得驚人，從企業經濟收益的角度出發，我們如果忽略該預測結果，同時接受這一個呆帳客戶和另外兩個優

質客戶，可能反而賺得更多。

　　這個成本效益問題主要取決於我們在研究什麼問題，當然也取決於企業的經營狀況。**在某些情況下，成本效益或許會向預測結果傾斜，某些情況下卻會偏離預測結果。**

　　這裡的意思已經很明顯了。在考慮是否將一個預測模型作為企業業務管理的一部分時，核心問題在於**我們會對預測結果做什麼**。執行預測結果的成本是什麼（含模型出錯產生的成本，比如那兩個被錯分到呆帳客戶組的優質客戶）？帶來的收益又是什麼？事實上，在建立模型之前，就值得提前算清楚這筆帳。搞清楚這些成本和收益，有助於確定，將模型預測結果付諸行動的準確度門檻。

升降曲線圖上，哪一點收益最高？

　　前面的案例提出了一些值得注意的問題，在思考是否要用預測模型時，務必要牢記。當然，沒有一個模型是完美的，所以當你試圖對客戶進行分類時（比如，區分會和不會購買某款產品的客戶），總會有一些預測會

買的客戶其實並沒有購買，反之亦然。

　　預測模型的目的在於，**讓你能集中精力去關注那些購買意願更強的客戶，而不是將精力浪費在隨機挑選的客戶身上**。模型通常會根據能預測的數據，對客戶購買意願由高到低排序。也就是說，模型的實際效果是存在差異的，這主要取決於你考察的是具有最高購買意願的少量客戶，還是包含較低購買意願客戶在內的更多客戶樣本。

　　下頁圖表 5-8 的**升降曲線圖（lift curve）**，直觀的展現出這一點。

　　圖表 5-8 中的直線是沒有建立預測模型時的情況。你很清楚，在你的客戶群中，會有一定比例的客戶購買新產品，但你不知道他們是誰。因此，如果你隨機抽取 10％的客戶，那麼這組客戶中，很可能有 10％的人會購買新產品；如果你隨機抽取 20％的客戶，則可能會有 20％的人購買新產品。

　　圖表 5-8 中的曲線是模型的預測結果。它按照從購買意願最高到最低的順序，將客戶購買意願排列出來。如圖表 5-8 所示，如果關注的是購買意願最高的前 5％客戶，則其中的潛在購買客戶百分比為 20％。此時的預測

圖表 5-8 模型的升降曲線圖

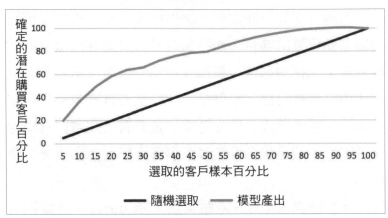

準確率提升至此前的 4 倍（20%除以 5%）。

　　但如果將目標客戶群擴大到前 50%，我們就必須接受，這些客戶中包括了一些購買意願較低的人。在這部分客戶中，確定的潛在購買客戶百分比為 80%，而預測準確率僅提升至此前的 1.6 倍（80%除以 50%）。顯然，在更大的客戶樣本中，我們關注的潛在購買客戶的絕對值增加了，但預測準確率的提高程度卻降低了。因此，我們其實浪費了更多的成本，與那些不想購買產品的客戶交談。

　　我們剛才所討論的成本效益點，其實就受到了「提

升」這一概念驅動，因為一般來說，我們都希望盡可能準確的確定潛在購買客戶（或無意購買者、呆帳客戶等）。提升模型預測準確率的方法並非一成不變，它取決於我們的目標樣本有多大。

很多時候，當我們討論預測模型的成本效益時，**並非要尋求一個非黑即白的答案，而是在「關注較少的客戶樣本，但預測準確率提升幅度高」與「關注較多的客戶樣本，但預測準確率提升幅度低」之間做出權衡。**事實上，如果充分了解目標客戶的固定成本和可變成本，就可算出在升降曲線圖上，哪一點的投資收益最高。

有可能花冤枉錢的情況

我曾與一家電信公司合作，本章討論的許多問題，也是這家公司面臨的問題。該公司的客戶流失率相當高，每年都會流失 20％的老客戶，而吸引新客戶的成本又非常高。因此，該公司非常希望降低流失率，保持大量穩定的客戶，而不是經常花費高額代價去吸引新客戶。

因此，目標非常明確：建立一個預測模型，預測哪些客戶會在未來幾個月中不再續約，以便提前採取一些

行動來挽留他們。

乍看之下，一家電信公司顯然可以掌握很多數據，比如客戶關係持續時間、客戶帳單金額、手機型號、撥打和接聽了多少電話、發送和接收了多少簡訊，以及使用的數據流量等。理論上，該公司還知道你在任何時間點所處的位置、你平時都和什麼樣的人打電話。對於這一點，你可能會因為電信公司了解太多你的個人資訊而感到不安，這種擔心是合理的。但我們在該案例中發現，實際上這些資訊很難被整合。不單是因為數據量龐大，還加上技術上的難度，使這項工作非常困難。

儘管如此，該公司還是製作了各種版本的預測模型，而且所有版本都有其價值——可以使用模型預測未來將要流失的客戶，且預測準確率顯著高於隨機機率。從這一點看，建立的模型是成功的。比如，當關注範圍縮小到前 10％ 最有可能流失的客戶時，預測模型能讓準確率提升 3～4 倍。

然而，該公司建立的這些模型的弊端在於，**其成本效益不盡如人意**。即便模型顯著提高了客戶樣本的準確率，可還是沒有解決該怎麼辦的問題。主動聯繫客戶的成本顯然太高；也可以花較少的錢發郵件給客戶，但透

過一封郵件挽留客戶、阻止其流失的機率又有多高？公司聯繫客戶最有效的途徑是打電話，可是這需要花不少錢。即便不考慮聯絡成本，也要考慮採取實際挽留措施的成本。

一旦搞清楚哪些獎勵措施可以挽留客戶，我們很快就明白，**有可能在以下兩個方面浪費資金**：第一，向永遠都不會流失的客戶提供獎勵措施；第二，向無論如何挽留都一定會流失的客戶提供獎勵措施。

如果從這兩個方面實行獎勵措施，其對應的成本曲線會展現新問題：雖然有可能相當準確的預測到哪些客戶可能會流失，但從成本效益的角度講，也不宜對此採取任何行動。事實上，這時不妨暫且等待，直到客戶自己打電話過來取消服務，那時再嘗試去解決問題。**儘管這種事後處理的轉換率要比主動出擊時低一些，但此舉也可避免企業花冤枉錢**，去聯繫那些不會流失的客戶，從而獲得更高的投資回報。

儘管前文列出了一些擔憂，但你不必對預測模型的作用失去信心。在很多情況下，數據模型可以為企業帶來巨大價值，是絕對值得嘗試的。只要企業團隊能有意識的提早做準備，就能使提到的所有注意事項變得可控。

　　所以，在了解上述不同類型的數據分析後，與團隊好好談一談，數據分析工作可能為企業各方面發展帶來的好處，是非常重要的。除此之外，還可以討論一下，你需要的數據和可能對這些數據提出的問題等。在本書第一部的結尾，我們會針對「以數據為中心的企業，到底意味著什麼」這一問題，繼續展開討論。

　　在此之前，我們還需要了解一下，預測模型可能陷入的第五種陷阱。

帶傘未必會下雨

在本章，我們會探討一個常見的誤區。如果搞不清楚這一點，在研究相關關係和因果關係的區別時，就有可能嚴重誤判預測結果。

上一章，討論到資料科學家為了幫助企業經營，會建立大量數據模型。這些模型可以預測哪些客戶會買某款特定產品，以及哪些產品的不合格率高到離譜。

建模是為了解決具體問題，無論我們在建模時使用了多麼巧妙的技術，從本質上講，都是在利用歷史數據，建立預測未來的模型。我們雖然列舉了其中一些可能出錯的地方，但還須注意一個更基本的問題。這個問題即使在沒有數據和模型的情況下，也依然困擾企業決策層。接下來，我們將用一個例子來加以說明。

相關關係不等於因果關係

一家具有完整客戶數據的線上零售商，決定建立一

個模型，其目標十分明確。零售商銷售的產品種類繁多，因而希望讓模型透過一個新客戶初次購買的產品，來判斷該客戶將來會為企業帶來多大的價值，即判斷其顧客終身價值（customer lifetime value，簡稱 CLV）是多少。

顯而易見，這樣做肯定會對企業大有幫助。儘早識別有價值的客戶，會影響到企業對該客戶提供的服務級別，以及維繫客戶關係投入的行銷成本。

事實已證明，新客戶購買的產品與他的終身價值之間，的確存在著有趣的關係。透過前文討論的一些建模技巧，零售商可以透過模型判斷，當一個客戶從琳瑯滿目的商品中，同時選購了產品 A 和 B 時，他就很可能會成為高價值客戶。

表面來看，這是一個好消息。這個強大的、具有顯著性差異的模型，能針對原始問題，提供一個簡單直接的答案。

但案例中的企業採取的下一步行動，卻徹底毀掉這個模型，還扼殺了將預測答案轉化為價值的可能性。

事情是如何發展到這一步的？就在企業還在為模型預測結果興奮不已時，行銷部門則已著手，向初次同時購買產品 A 和 B 的新客戶提供額外折扣。

發現哪裡不對勁了嗎？

剛開始，如果客戶初次同時購買了產品 A 和 B，說明他們可能成為高價值客戶；**可如果說他們因為一些折扣同時買了產品 A 和 B，所以成為高價值客戶，這種推論就有問題了。**開奧斯頓・馬丁跑車（Aston Martin）的人，很有可能是有錢人，但並非送給誰一輛奧斯頓・馬丁跑車，此人就能變成有錢人（至少在他賣掉跑車之前不會）。同樣的，看到許多人帶傘，說明今天下雨的可能性很高；但送給每位路人一把傘，並不會導致下雨。

換言之，**相關關係並不一定等於因果關係。**這句話，也是統計學中的一句至理名言。

對於本案例中倒楣的線上零售商而言，一旦他們開始主動鼓勵客戶購買產品 A 和 B，預測的準確性就蕩然無存了。這兩款產品的組合，不再意味著一個客戶可能成為高價值客戶，而只代表行銷團隊的優惠券，在客戶的身上有了效用。

銷售額提高，是促銷活動導致？

在向以數據為中心的企業轉型之路上，我們考慮企

業的整體發展時，必須牢記：對大多數人而言，搞清楚
相關關係與因果關係之間的關聯，是十分困難的。我們
似乎從骨子裡，就愛從周遭的世界中尋找潛在的因果關
係。於是，觀察到的某些趨勢很容易騙過我們，讓我們
以為，所觀察到的兩者之間存在著關聯，但實際上並不
存在。

　　事實上，隨著心理學和經濟學在行為經濟學研究過
程中的進一步應用，大量相關理論也應運而生。這些理
論解釋了，我們為什麼會有以下的反應：如果你從身邊
的灌木叢中聽到一陣簌簌聲，然後你的鄰居被獅子吃掉
了，那麼當你再次聽到灌木叢中發出簌簌聲時，必然會
拔腿就跑。我們之所以能進化成今天的人類，可能就是
因為我們懂得解讀這兩者之間的關係。

　　然而，不論出於什麼樣的潛在心理，將因和果倒置，
或將單純的相關關係解讀成因果關係，都非常危險。在
前幾章中，我們曾探討過均值回歸。此處我們將透過另
一個有趣的視角，再次探討這個問題。

　　透過審視相關關係與因果關係之間的關聯，我發現
另一個原因，可以解釋為什麼我們經常犯這樣的錯誤。

　　如果我篤信，只要將補救措施集中用於業績排行榜

中排在最後25％的店鋪，下一季度這些店鋪的業績就會提高，那麼我不僅犯了一個數學錯誤，還在並不存在因果關係的情況下，誤以為這兩者之間存在因果關係。但我採取了補救措施，然後店鋪業績提高了，那麼這兩者之間一定是相互關聯的，不是嗎？還真不一定。

在企業經營過程中，有些你認為理所當然的因果關係，其實值得再三審視，例如：

・企業在耶誕節之後繼續進行促銷活動，銷售額提高了很多——銷售額之所以提高，或許是因為客戶本來就有在此時購買產品的習慣。

・在企業公布最新的良好營收數據後，企業的股價上漲了——如果景氣好，股市齊漲，那麼企業股價的上漲，可能與公布營收數據的關係並不大，至少不如你想像中的那麼大。

・企業減少促銷經費，銷售額下降了——你之所以減少促銷經費，是因為行業不景氣，或銷售很難有起色？

・員工參與度高的企業，往往在股市上的表現也更好——那些更成功的企業是否資金更多？是否在促進社會效益方面投入更多？

　　我並不是說以上列出的相關關係，在任何時候都不一定等於因果關係。事實上，可能兩者之間的確存在因果關係，但在這些場景中的確須慎重思考，僅是觀察到兩件事具有相關性，並不足以得出兩者存在因果關係的結論。

演員演出電影越多，溺死人數也越多？

　　那麼，我們該如何全面考察相關關係，從而正確理解因果關係？以下我們會對此展開討論。不論是在企業經營過程中，還是在數據模型預測結果時，如果你發現兩件事情之間存在因果關係，不妨問問自己下列情況是否屬實。

1. 相關關係是否與偏誤樣本有關？

　　比如，我們在前幾章中討論的均值回歸。我們挑選了某一時期業績最差的幾家店鋪，而沒有考慮其中也包含了偶爾業績較差的店鋪，之後出現的業績明顯提升，只是從基本統計數據衍生出的一個偽命題而已。

2. 如果反過來，因果關係還能成立嗎？

本章最初提到的案例就是如此：高價值客戶多傾向於同時購買產品 A 和 B，但是，使用優惠券購買產品 A 和 B 的客戶還是高價值客戶嗎？這種情況下，因果關係反過來就不成立了。

3. 相關的兩件事情 A 和 B，是否由第三個因素造成？

第三個因素常被稱為「干擾因素」（confounder），它能影響事件 A 和 B。例如，禿頭和財富有很高的相關關係，但兩者並不能相互影響，只是均與男性年齡有關。

4. 相關關係可能純屬巧合嗎？

資訊分析員泰勒·維根（Tyler Vigen）創建了很棒的網站，名叫「偽相關」（Spurious Correlations），專門研究那些風馬牛不相及的變數之間的高相關性。例如，從數據上看，在美國，掉進泳池發生溺水的人數，與演員尼可拉斯·凱吉（Nicolas Cage）在該年度出演的電影數量有極大的相關關係。但如下頁圖表 6-1 所示，這樣的相關關係不可能意味著任何因果關係。事實上，在這樣的觀察中，根本就不存在真正的相關關係，只不過是

在觀察的某一段時間內，兩種現象剛好符合而已，根本不可能持久吻合。

圖表 6-1　相關關係未必等於因果關係

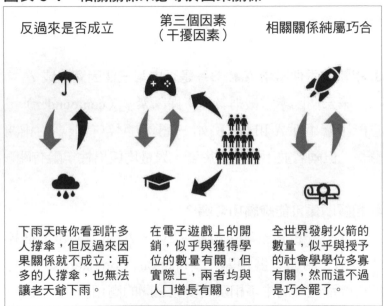

反過來是否成立	第三個因素 （干擾因素）	相關關係純屬巧合
下雨天時你看到許多人撐傘，但反過來因果關係就不成立：再多的人撐傘，也無法讓老天爺下雨。	在電子遊戲上的開銷，似乎與獲得學位的數量有關，但實際上，兩者均與人口增長有關。	全世界發射火箭的數量，似乎與授予的社會學學位多寡有關，然而這不過是巧合罷了。

倖存者偏差：不能只看成功案例

員工參與度較高的企業，在股市上的表現也比較好──這個表述展示了一種統計錯誤。這種錯誤提供了

一種洞察「偽相關」現象的新視角。假如我們所觀察的企業樣本並非由我們來選取，而是由企業自主選取，選的又都是目前倖存於市場的企業，那麼情況又如何？歡迎進入**倖存者偏差（survivorship bias）**的世界。

假設現在有 100 家企業剛剛成立，根據統計預測，三年後，它們當中僅有半數能倖存，其餘則因經營不佳或無法及時獲得關鍵資金等原因而倒閉。不論原因為何，從上面的數據可知，創業的失敗率非常高。

現在不妨設想一下，為了給未來的企業提供寶貴經驗，我們研究了倖存的 50 家企業。結果發現，它們只有唯一一個共同點，那就是為員工提供了休息區、撞球休閒區和免費零食。這難道是成功創業的關鍵嗎？

以內行的眼光和對因果關係的質疑經驗來看，這個結論顯然不成立。我們對創業失敗的那 50 家企業一無所知。事實上，這些企業也很有可能為員工提供了上述福利，但依然失敗了。因此可見，是否提供舒適的坐墊和遊戲桌，對於一家創業企業的成功與否，根本沒有任何參考價值。

對因果關係的基本判斷失誤的例子，在現實世界屢見不鮮：即便是某些蟬聯圖書暢銷排行榜的管理學教材，

都只分析成功案例，而鮮少提及失敗案例；當金融顧問給你一張圖表，向你介紹他們的基金業績如何勝過炒股收益時，他們八成不會告訴你，在此期間，業績不佳的基金早就停止營運了，根本沒有畫到圖表上。

在現實中，當我們分析成功與失敗的驅動因素時，唯一的辦法就是以一組企業為樣本，從頭到尾追蹤其發展情況，**既追蹤最終創業失敗的企業，也追蹤創業成功的企業。**

自信的錯覺

即便如此，我們依然要時刻注意。還記得在前幾章中提到的顯著性差異嗎？眾所周知，95％是我們常用來劃分統計數據信賴區間的臨界值。也就是說，無論得出的結論是什麼，在95％的情況下，都不會出現由於數據顯著性而導致的統計錯誤。

當然，這也就意味著，我們得到的結論在5％的情況下（或在自稱反映了真實且具備統計學意義的分析結論中，每20份中就有1份），是可能存在統計錯誤的。在分析和研究論文時，該問題尤為突出。

　　試想在研究某個課題時，有數百篇論文都試圖證明某種觀點是錯的，那麼無論如何，都會有 5％的論文由於存在顯著性差異問題，而意外成為證明觀點正確的證據。反過來說，如果所有得出重要結論的論文中，最終得以成功發表的，只有因存在顯著性差異問題而得出有趣結論的、抓住目光的論文，而在各類學術期刊中，會出現更多貌似「經過科學驗證」、實則未證明任何正確觀點的論文，但它們不過是統計錯誤的產物。想到這裡，你是不是覺得這樣挺可怕的？

　　因此，即便詳細的追蹤了成功創業企業和失敗創業企業的各種數據，還是可能有報紙在頭條報導中聲稱，成功創業的企業執行長頭髮普遍較長，而這只不過是巧合罷了。此類相關性並不能成為我們放棄常識的藉口。

記得加入對照組

　　如果某種相關關係看起來非常像因果關係，你依然可以檢驗。比如透過實驗，調整你覺得可能改變結論的某些變數，然後觀察會發生什麼事。假如企業透過過度宣傳，或向新客戶免費贈送產品 A 和 B 等促銷方式，真

的讓新客戶變成了高價值客戶，那這也是個不錯的發現。不過事實上，這種情況並沒有發生！

正如我們前文所探討的，如果你嘗試進行這樣的實驗，記住一定要加入對照組，以防觀察對象隨著時間的推移或因為數學原因而發生變化。只有真正（具備顯著性差異）的數據變化和對照組，才能給你正確的回饋。

我們用來增加企業價值的建模技術，以及對相關關係與因果關係之間區別的意識和警惕性，都非常寶貴。在繼續討論「打造以數據為中心的企業」這個實質問題之前，還有最後一個話題值得探討，那就是充滿不確定性，卻對企業至關重要的機率問題。

⑦ 貝氏定理：買手機的機率有多大？

在了解了一系列分析模型案例後，現在是時候走進機率的世界了。這對理解公司數據至關重要。

在前面的兩章中，我們最常看到的詞就是「可能」。例如，前文的案例中，我們談到了預測客戶成為呆帳客戶可能性的模型；在上一個案例的升降曲線圖中，我們在選取觀察樣本時，選擇了更有可能做某件事的客戶，而沒有選擇隨機客戶，從而提高了整體預測的準確率，並清楚的計算出提升比例。

從數學的角度來看，這些表述都是圍繞著「機率」（probability）這個概念展開。一聽到這個術語，你可能就會渾身起雞皮疙瘩，聯想到以往數學課上的可怕回憶——大多數人都會有這樣的反應。但我向你保證，機率的世界值得探索，因為這有助於我們成為更好的公司決策者。接下來，我們會從公司的角度，快速回顧與機率相關的內容。

　　許多學生之所以抱怨機率論太難，原因之一在於，聽上去似乎很簡單，但學起來很快就變得極為複雜。如果你問他們拋硬幣出現正面的機率是多少，他們會很輕鬆的告訴你是 50%；當你問他們連續兩次出現正面的機率時，有些人就答不出來了；而如果你繼續追問，拋三次硬幣出現「兩正一反」的機率（任何順序皆可）時，基本上就沒人能馬上答上來。這些問題聽上去都很簡單，但要理解機率問題，並不能從我們平時看待這個世界的角度思考。

拋硬幣的機率

　　關於第一個問題，拋出一枚硬幣出現正面的機率確實是 50%。如果想更直觀的去思考這個問題，你可以想像前面提過的樹狀圖。在這個案例中，只存在正反兩種結果。因此，在硬幣無差別的情況下，我們可以認為，出現正面的情況剛好占一半。

關於第二個問題，也可以根據樹狀圖尋找解題線索。要討論連續拋出兩次正面的情況，須擴展樹狀圖的第二層，來列出所有可能的情形（先正後反、兩次反面等）。我們很容易就能證明，連續兩次出現正面的機率為四分之一，即 25％。具體情況如圖表 7-1 所示。

第三個問題同樣可用樹狀圖來解答。將樹狀圖延伸到第三層，可以看到拋硬幣三次後，

圖表 7-1　拋硬幣機率的樹狀圖

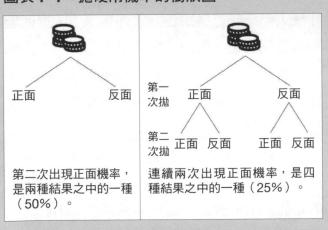

第二次出現正面機率，是兩種結果之中的一種（50％）。

連續兩次出現正面機率，是四種結果之中的一種（25％）。

可能出現的所有正反面的組合。計算出「兩正一反」情況發生的總次數，然後用這個數除以所有可能產生的結果總數，就得出「兩正一反」的機率。結果是在8種全部可能結果中，有3種「兩正一反」的可能，也就是說，其機率等於37.5%。具體情況如下頁圖表7-2所示。

希望你能透過上述的拋硬幣案例，了解到機率問題在概念上是相對簡單的，至少在考慮公司向以數據為中心轉型的問題上是如此。

從旁觀者的角度看，這些案例也說明了為什麼人們會覺得數學很難。在數學上，從問題一發展到問題二很簡單。如果出現一次正面的機率為50%，那麼連續兩次出現正面的機率，就等於兩次拋硬幣出現正面的機率相乘，也就是50%乘以50%，即25%。

但到了問題三，如果沒有一目瞭然的樹狀圖，就很難算出答案。要計算拋硬幣三次出現的可能結果的數量，是相對簡單的。由於每拋

圖表 7-2 出現「兩正一反」的機率，為 **8** 種
結果中的 **3** 種

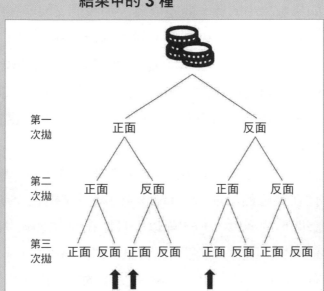

一次都有兩種可能的結果，所以拋三次之後可
能出現的結果總數為 $2 \times 2 \times 2$，也就是 8。但要
計算「兩正一反」的機率，就牽涉到更多的數
學問題。總之，拋硬幣的次數越多，組合結果
的可能性也就越多，討論難度也就會更大。

企業中的機率應用

如果數學中的機率問題很難，那我們又何必在這個問題上耗費精力？原因在於，對了解企業數據而言，機率可謂極其重要。或更確切的說，機率論中的某些概念，對於企業而言至關重要。和第一章中的重要概念相同的是，這些有關機率的概念，也可以幫助我們避免錯誤解讀客戶數據。

不妨設想這樣一個案例。在你的客戶中，有20％的客戶住在英國西南地區，有20％的客戶年齡在65歲以上。請問你的客戶中，65歲以上且住在西南地區的客戶比例是多少？顯然，僅憑上述資訊無法推出答案。

有一種可能性，即所有65歲以上的客戶恰好都住在西南地區，畢竟那裡環境不錯，氣候也比較溫暖。在這種情況下，答案是20％，因為這兩項統計數字實際上描述的是相同的一群人。

但事實上，很可能的情況是，老年顧客是隨機分布在全國各地。在這種情況下，如果我們從居住在西南地區的這20％的客戶著手，由於條件並沒有指出西南地區客戶的年齡結構與其他地區有任何不同，因此我們可以

合理假設，在這 20％ 的西南地區客戶中，有 20％ 的人超過 65 歲。也就是說，在我們的客戶中，65 歲以上且住在西南地區的客戶比例只有 20％ 的 20％，即客戶總人數的 4％。具體如下頁圖表 7-3 所示。

當然，還存在更極端的情況。有可能所有 65 歲以上的客戶都住在別處。此時，65 歲以上且住在西南地區的客戶比例為 0％。

數據之間的獨立性

由此可見，由上述兩項統計數據，可以得到截然不同的答案。這主要取決於這兩項統計數據是否相互獨立（independent）。「獨立」這個詞，對於理解機率的工作原理太重要了。

它是用來衡量不同數據的重疊程度及相互影響程度的基本標準。如果兩項數據彼此完全獨立，意味著了解其中一項數據，對於了解另一項數據毫無幫助。由於數據彼此完全獨立，我們可以透過將兩項數據機率相乘的方式得出答案。我們剛剛得到的 4％ 的結果，就是這樣算出來的。

圖表 7-3　客戶比例是多少？

場景一：兩項統計數據完全重合，即 65 歲以上的客戶全部住在西南地區。

場景二：兩項統計數據互相獨立，即 65 歲以上的客戶中，有 20％住在西南地區，此時，滿足兩項條件的客戶比例僅為總人數的 4％（20％的 20％）。

　　在計算拋硬幣的機率時，我們也用到相同的計算方法。在知道了拋一次硬幣出現正面的機率為 50％後，將 50％與 50％相乘，就得出了拋硬幣連續兩次出現正面的機率為 25％。這種計算方法，就是建立在兩次拋硬幣的數據完全獨立的假設上。第一次拋出了硬幣的正面，對

第二次拋硬幣的結果沒有任何影響。

如果改變這個假設條件，又會發生什麼？設想一下，你有一大袋特製硬幣，其中一半硬幣兩面均為正面，而另一半硬幣則兩面均為反面。此時，從袋子中隨機挑選一枚硬幣，拋出正面的機率為 50％，和拋正常硬幣時相同。因為在這種情況下，你從袋子中挑選出兩面都是正面的硬幣其機率為 50％。

1. 場景一：從袋子中挑選一枚正常硬幣，連續拋出。如下頁圖表 7-4 所示。

2. 場景二：從裝有特製硬幣的袋子中挑選硬幣，一半的硬幣兩面均為正面，一半的硬幣兩面均為反面。如下頁圖表 7-5 所示。

再次拋出硬幣時，由於這些特製硬幣的兩面是相同的，因此你會得到和第一次拋出後相同的答案。所以，如果你第一次拋出硬幣後出現了正面，那麼第二次拋也一定會出現正面。我們每次拋硬幣的結果不再是獨立的，連續拋出兩次正面的機率與拋出一次正面的機率相同，均為 50％。

圖表 7-4　場景一中的情況

隨機挑選的硬幣一面為正面，一面為反面。	連續拋出後，會形成正面和反面的隨機順序，每種可能性為 50%，因此，連續兩次出現正面的機率為 25%。

圖表 7-5　場景二中的情況

隨機挑選出兩面均為正面的特製硬幣，其機率為 50%。	首次拋出後得到正面的機率為 50%（與場景一相同），但只要第一次出現的是正面，則後面拋出的結果均為正面，因此連續兩次（或多次）出現正面的機率同樣是 50%。

該投放哪些廣告給客戶？

那麼，我們對機率是否重疊的新理解，跟公司目標又有什麼關係？其實，在現實生活中就有這樣的例子。當你訪問某個網站時，就會牽涉到類似問題。

假設你正在訪問的網站剛好是由我來經營。我希望在網頁上向你投放廣告，或推廣自己公司的產品。不過，我可以投放給你的廣告有很多，推廣活動也有很多。具體而言，我又該將哪些內容投放給你？

有可能我想投放的是一款新手機的廣告。無論什麼時候，打算購買手機的人在整個人口中，數量占比都很小。假設在該案例中，想買手機的人占比為 1%，而我也並不想浪費廣告空間，向那些不打算購買手機的人投放廣告。那麼，我該如何確定你是否對購買手機感興趣？畢竟對於我的網站而言，你只是一個訪問連結，我對你其實一無所知，因此，我很難判斷你打算購買手機的機率，究竟是高於還是低於這 1% 的平均水準。

偏差、貝氏定理和精準行銷

除非我的確了解你的一些情況，我知道你是透過哪個瀏覽器訪問我的網站，也知道你是使用手機還是筆記型電腦上網，根據網路流量的性質，我也掌握了你所在的小鎮或城市的基本資訊，我還知道你在我的網站上瀏覽了哪些網頁、可能會進行哪些搜索或其他點擊。

　　根據這些細節，公司很可能找到用戶是否打算購買手機的線索。設想一下，過去的歷史數據顯示，在我投放手機廣告的所有用戶中，僅有1%的人點擊了廣告（與上述購買手機的人口平均值一致）。不過，當我按瀏覽器類型劃分流量之後發現，使用 Chrome 瀏覽器的用戶中，有5%的人點擊了廣告，而使用 Edge 瀏覽器的用戶中，點擊人數僅占 0.1%。這說明，打算購買手機的人群傾向於使用 Chrome 瀏覽器，就像在前面案例場景中，年長的客戶傾向於住在西南地區一樣。

　　此時，瀏覽器的使用情況和手機廣告點擊情況這兩項數據**並非彼此獨立**，而是存在一定的相關性。我觀察到的瀏覽器使用情況就是一條線索。如果用戶使用的是 Chrome 瀏覽器，就可以判斷，該用戶更有可能對手機廣告做出積極反應。

　　有趣的是，**這種相關性是可以累加的**。如果我能掌握使用者訪問網站的更多數據，而其中每一種數據都指向該使用者打算購買手機，那我就更有信心。事實上，在網站上閱讀技術文章的用戶也很有可能購買手機。所以，如果我發現某個用戶既使用了 Chrome 瀏覽器訪問網站，又閱讀了技術文章，那麼，他很可能會購買手機。

　　當你在預測某件事（如購買手機）時，可根據其他偏向或偏離核心數據的數據，來提高預測的正確率，這種做法稱為「貝氏定理」（Bayes' theorem，機率統計中應用所觀察到的現象，對有關機率分布的主觀判斷〔即先驗機率〕進行修正的標準方法）。貝氏定理廣泛應用於各類數據的分析中。具體而言，前面判斷網站該如何投放廣告時的分析方法，本質上就屬於貝氏定理的應用。

　　在此，我們沒有必要深入探討貝氏定理的數學原理，只須了解其核心觀點即可。從原則上講，在預測某件事時，如果你發現其他條件與預測結果，存在一定的偏向或偏離關係，就可以據此修正原先的預測結果。比如，透過分析用戶對特定瀏覽器的使用情況，提高分辨潛在手機買家的預測準確率。

數據是獨立的，還是有相關性？

　　總體來說，本章探討基於機率的預測技巧，與之前討論的預測模型有許多有重疊。當我們嘗試預測一件事時（例如，預測市場參與者財務狀況的優劣），首先要確定的是根據哪些變數，將統計對象劃分到與預測相關

的有序分組當中。在此過程中，我們用到的展示變數關係的樹狀圖，其實就與貝氏定理有異曲同工之妙。

　　透過對所有機率的簡要回顧，我們發現，真正可以為我們所用的收穫，主要有以下兩點。首先，在綜合考慮所有機率時，要注意它們之間的相互依賴性和獨立性，對重要的事情既不能重視過頭，也不能重視不足。其次，當數據分析團隊建立預測模型時，一定要意識到，每一條不同數據呈現出的重疊性和相關性，具備重要的預測潛力。該過程可以讓你透過充分分析自己熟悉的事，來預測自己不熟悉的事。接下來，我們會討論有哪些模型值得建立，並以此來結束本書的第一部。

現實中的資料科學

在本章，我們會圍繞在評估公司業務的數據分析上來討論，透過探索，揭祕數據能回答關於公司的哪些問題，從而為公司帶來更多賺錢的機會。

現在，我們已經對數據分析有了全面的了解。我們可以建立不同類型的模型，其中，有些模型只是用來描述客戶、產品或店鋪，有些模型則試圖透過分析過去發生的數據，預測未來可能發生的事。

如果數據分析真的如此簡單，為什麼不是每家公司都這樣做？現實情況是：消費或零售企業充分利用數據的情況並不多。而對那些歷史悠久的老牌企業而言，要向以數據為中心轉型就更難了。在數據競爭方面，那些老牌企業的實力，遠遠落後於閃閃發光的小型創新公司。

想轉型成以數據為中心，老牌企業面臨著巨大挑戰，轉型過程中遭遇的困難太多，比如文化環境、現有管理團隊對轉型的態度，以及引進新技術並將其融入現有團隊中的難度等。在本書的第三部中，我們會充分探討這

些與公司領導者轉換經營思路有關的話題，探討向以數
據為中心轉型的成功和失敗案例，並為管理團隊提供一
套確保轉型成功的工具組合。

不過，在結束第一部時，我們首先應開闊思路，思
考一下這幾個問題：數據對於公司而言有哪些價值？我
們該如何解鎖這些價值？我們可建立的模型有很多，但
究竟應該投資哪些模型？在現實世界中，我們該從哪裡
著手？

拉力練習：我們想問哪些問題？

正如我們看到的，透過回顧和理解公司數據，提出
各種問題，是一個不錯的起點。我們已經了解到，可以
提出的問題並不只集中在行銷和推廣方面，也並非只與
客戶有關。我們可以透過對數據提出問題，加強公司經
營水準，改善物流服務，使招聘和培訓計畫變得完善，
提高客戶服務品質，並推動公司其他方面向前發展。

對任何希望向以數據為中心轉型的企業來說，這都
是一個重要的開端。建議管理者盡快與公司團隊商討此
事，想推進公司改革，樹立鼓舞人心和激發士氣的目標

是第一步。好好想一想，數據分析能為公司各方面的發展帶來什麼價值。仔細閱讀本書中的案例分析，看看哪些案例可能適用於你的公司，解鎖你的奮鬥目標。

前面討論過，這個過程可按職責分工進行，具體參見第 165 頁的圖表 8-1。此外，在確定「我們希望了解的情況」時，還有一個重要技巧，那就是：從客戶的立場出發，從頭到尾梳理整個顧客旅程（Customer Journey，客戶與品牌互動的一整段過程）。

仔細梳理客戶從註冊到下單支付的實際流程，你會發現一些奇怪的事：為什麼客戶在購物進行到一半時選擇退出？為什麼到商店購買產品的客戶，比網購客戶選擇退貨的情況更少？制定從頭到尾的全流程服務，針對每個環節提出問題，自然會找到數據能解答的方法。

推力練習：我們掌握哪些數據？

不過，在回顧公司情況時，還須同時梳理我們掌握哪些數據，以及在考慮成本效益的情況下，可獲得哪些數據。如果回顧分析公司各部門發展，能形成向以數據為中心轉型的拉力和需求，那麼，檢視你們公司掌握的

數據，則能形成推力。看一看公司掌握的數據，想一想：
「我們可以用這些數據做什麼？」只有這樣，才能找到
經營策略中新的靈感和思路。

　　這兩項工作——一推一拉——必須同時進行。這是
因為，如果你只看數據，問一問可以用數據來做什麼，
很可能形成危險的盲點，從而錯失繼續研究、蒐集新數
據、創造新價值的機會，甚至在蒐集數據時出現投入大
於產出的糟糕情況。同樣的，如果你只考慮公司各部門
發展，而不考慮如何有效利用手頭掌握的數據，也會面
臨徒勞無功的風險。推力、拉力練習分析詳見圖表 8-1。

　　在進行上述過程時，請務必留意：你可能會聽到不
願意聽到的答案，對此，請一定要做好心理準備。

即使找到答案，也並非能馬上改善

　　一位電信公司的高階主管，曾提到關於其數據分
析團隊的一件事：他們對數據分析團隊下達了一個任
務，要求找出公司淨推薦值（Net Promoter Score，簡稱
NPS，用來衡量客戶對品牌忠誠度的指標）的真正推動
因素，以及與客戶滿意度評分相關的所有積極行為。

圖表 8-1　推力、拉力練習分析

推力練習 （我們能得到哪些數據？）	拉力練習 （公司哪些部門能從 數據分析中受益？）
客戶資訊 （住址、人口學資訊等）	銷售與行銷
人員數據 （銷售業績、客戶滿意度等）	
客戶購買行為數據 （購買的產品、客戶服務互動等）	客戶服務
產品數據 （一段時間內的銷售率、季節性特點、 經常一起銷售的產品）	採購與物流
店鋪與賣場數據 （業績比較，哪些產品在哪些店鋪賣得 格外好）	營運

透過模型分析，得出了令人滿意的答案——客戶滿意度的最大推動因素是網路涵蓋率。享受到良好網路品質的客戶，通常都比較滿意，因而忠誠度較高，對服務的回饋也不錯；而網路涵蓋率低的地區客戶則相反。

「沒錯，」管理團隊很認同：「我們也猜到是這樣，但想提高網路涵蓋率可不容易，成本實在是太高了。除此之外，還有其他推動因素嗎？」

但其他推動因素也不是管理團隊期待聽到的。於是隨著不斷詢問，終於輪到「客戶忠誠計畫獎勵」。這正是管理團隊願意聽到的。最後，整個數據分析工作以對忠誠計畫的反覆修改而告終。當然，這並不會對公司的整體業務帶來改變，因為其他更重要的推動因素，較難著手改善。

當你試圖從數據中找到哪些因素可能推動客戶行為時，請務必做好準備，聆聽那些你不願意聽到的答案，千萬別不假思索的否定它們。

什麼樣的數據才有價值？

在本書的第二部中，我們會更常討論公司掌握的數據種類，以及如何蒐集更多數據。如果你作為公司高階主管，在考察數據分析如何幫助公司業務時，了解什麼樣的數據可以為你所用，是非常重要的。

僅抽象的思考數據的不同類型還不夠。要在以數據

為中心的公司中發揮作用，一個特定的資料集必須具有下列特徵。

・資料集必須**具備統一定義和清晰結構**。換句話說，資料集須讓你一目瞭然的知道，這些數據到底告訴你什麼資訊。

假如你從事銷售服飾的產業，那麼每件產品（或最小存貨單位〔stock keeping unit，簡稱 SKU〕）都須分配到一個產品 ID。如果關於該產品的其他資訊，像是顏色、材料、尺寸、供應商等，都只是嵌入在一般產品描述中，那麼就很難利用這些數據來建立模型。知道某款產品的總銷售量是很有用的，但如果你想了解賣出多少不同種類的棉質 T 恤，或多少條 12 碼的裙子，那麼這些額外數據就必須有清晰結構和統一定義。

・資料集必須**標準化**。如果你的客戶在一個系統中是用客戶 ID 來表示，在另一個系統中，卻是以完全不同的數字號碼表示，就很難建立完整的客戶檔案。在向以數據為中心轉型時，為客戶建立統一檔案，通常是需要最先完成的工作。而在這項工作中，最難的部分在於將不同系統中的客戶碎片資訊整合，因為這些碎片資訊往

往難以完美對應。比如，將一個在銷售系統中購買了產品的客戶，與在客服系統中發起投訴的客戶聯繫起來，並沒有看上去的那麼容易。

• 資料集必須**可查詢**。「可查詢」是一個可怕的詞，但其重點在於，有價值的資訊一定會儲存在某處，而當你需要它時，應該可以隨時調取，並從中得到有用的答案。因此，資料庫不僅要儲存數據，還要便於查詢，並以適當格式提供回饋，最好還能連結到其他擁有獨立資料池的資料庫。

• 資料集必須**是安全的**。近年來，數據洩露、數據漏洞和駭客攻擊等事件屢見不鮮。要完全防止公司的敏感資料外洩，是非常困難的。但你依然可以採取各種措施，提高數據的安全性，讓公司免於遭受上述攻擊。網路和數據安全事關公司聲譽，屬於董事會應考慮之事，不是僅由 IT（Information Technology，資訊科技）部門負責的問題。

• 資料集必須**合法**。不同國家關於數據保護的法規差別很大。但隨著近年來人們越來越重視隱私問題，數據的合法性也成為備受關注的話題。請務必確保你掌握的數據有法律依據，且符合你所在地的相關規定。除了

遵守這些基本法規外，還得讓客戶能接受你的數據蒐集行為才行。近年來，我們經常看到，某些大公司因為挖掘了有價值且不尋常的客戶資訊（例如人臉識別）而官司纏身，雖然這種資訊蒐集的過程很可能合法，卻引起客戶的極大反感。

數據查詢結構

　　資料庫究竟是什麼？我們不須知道所有的技術細節。但如果我們對數據的放置位置有粗略的了解，那麼在考慮數據儲存結構和可訪問性等問題時，就更容易成功。

　　資料庫是數據的歸檔系統。它根據數據的特定分類，將數據劃分到各類表格中，每張表格都記錄著你需要儲存的資訊。例如，客戶資料庫表格，顧名思義，就是用來記錄我們了解到的某個客戶的全部資訊。

　　這些紀錄由許多欄位組成。每一個欄位，

都儲存著該條紀錄中的某個資訊。因此，一個客戶資料庫包含每個客戶的所有紀錄，而每個紀錄中，又包含客戶姓名、地址等資訊的欄位。當然，不同公司的客戶資料庫會有差異。一個提供訂閱服務的會員制企業，會記錄客戶的註冊日期、訂閱服務內容、支付工具等資訊；一個線上企業，則會記錄客戶的電子郵寄地址，以及與線上帳戶相關的其他資訊。

這些資料庫之間的關聯性，是一個關鍵概念。你的客戶資料庫儲存的是關於客戶的資訊，並會為每個客戶分配一個參考編號。而獨立的銷售資料庫儲存的則是每一條銷售紀錄。當然，其中一定包括一個欄位，記錄企業將產品賣給了哪個客戶，而且很可能是以客戶資料庫中的客戶參考編號來記錄。

用術語來說，這些都屬於關係型資料庫。其優勢在於，**查詢某個資料庫時，可以同時參考其他關係型資料庫中的相關數據**。因此，如

果我們只有一個客戶資料庫，就只能查詢某一地區的所有客戶清單；但如果我們將客戶資料庫與產品銷售資料庫做連結，就可以查詢去年在這一地區，購買過某款特定產品的客戶清單。

向資料庫提出問題的這一動作，用術語來講，可稱為查詢。我們可以利用統一的程式設計語言，查詢資料庫及其他所有關係型資料庫，這種語言被稱為結構化查詢語言（Structured Query Language，簡稱 SQL）。不過，對我們而言，只須知道數據存在於一系列資料庫中，且符合前文所說的統一定義、清晰結構等標準，就可以針對數據提出各種問題。

數據、資料庫及成本效益問題

公司的數據應該便於訪問、相互關聯，且可以進行複雜查詢，這似乎是一個十分基本的要求。如果你可以將客戶、產品、銷售和服務等各方面的數據，都以這種

方式互相連結，那麼公司就可以採取許多創新舉措了。

　　例如，你可以查詢哪些是高價值客戶經常購買的產品，還可以查詢哪些產品出現品質問題，導致大量的投訴電話，這些查詢結果對公司都很有用。如果你的客服部門能盡快掌握問題產品的資訊，且其中包含高價值客戶經常購買的產品，那麼，公司就能迅速反應，找出相關問題並及時解決。

　　遺憾的是，經營並非如此簡單。隨著時間的推移，不同部門已經建立起獨立的數據結構，資料庫之間並沒有唯一且標準的參考編號。有時因技術所限，不同資料庫之間甚至無法交互運用。因此，在任何數據分析計畫中，早期應採取的關鍵步驟是，**確保所有數據的結構合理且相互關聯**，從而保證你想提出的問題可以轉化為真正的數據查詢。

　　不過，單純的追求完美的資料庫結構，沒有什麼實際意義。有些類型的數據保持獨立反而更好。無論如何，任何對資料庫進行整合或形成統一檔案的專案，都涉及投入大量資金和昂貴資源。

　　因此，更好的做法是引入前面討論過的拉力和推力分析，找到你認為值得分析的問題，然後反過來確定須

先解決的資料庫問題是什麼。

在我們列出潛在問題清單時，不論是審查顧客旅程，還是回顧我們手頭掌握的數據，始終都存在成本效益的疊加問題。有些問題可能回答起來成本很高、有些數據的獲取成本可能非常昂貴，但我們不能將這些藉口當作不提出問題或不蒐集數據的理由。

數據的價值很少展現在單一數據上

現在要結束本書的第一部了，讓我們來總結一下目前談到的內容。

我們學到了最重要的一點，那就是：**數據的價值很少展現在單一的統計數據中**，例如平均數；相反的，只有挖掘數據背後的含義，才能發現價值。一種優質產品占公司銷售總額的 2%，這是個不錯的數據。但在深挖數據背後的細節後，你發現在幾家店鋪中，該產品的銷量占銷售額的 10%。為什麼會這樣？在觀察到這些店鋪和其他店鋪之間的差距時，你會得出什麼結論？如何將這個有趣的發現轉化為公司的獲利？這些問題都引出了我們的目標——打造以數據為中心的公司。

　　我們還了解到，電腦模型可以協助處理數據細節。有些模型可以對數據進行歸類，為公司的發展提供有益的建議，比如前面討論過的客戶細分。其他模型則更具針對性和目的性，可根據歷史數據來預測未來。這些模型可能會根據客戶的行為習慣，來預測客戶的可能分類（例如，將客戶歸類為潛在的呆帳客戶或優質客戶），也可能會在分類的基礎上更進一步，計算出客戶流失或回應行銷資訊的機率，或其他類似事項的機率。

　　這些優秀的模型之所以聯繫在一起，是因為它們都能廣泛應用於公司業務的各個方面，不僅對行銷和商業決策提供幫助，還能優化供應鏈和倉儲流程，區分店鋪業績的高低以及產品的不同類型。事實上，公司管理層面臨最重要的任務，就是正確看待整個公司的發展情況，根據數據背後的意義，確定哪些領域應該優先發展。

　　透過第一部的內容，希望你已經了解到，公司可以利用的模型有很多，數據團隊能帶來巨大的價值。我希望你對那些貌似令人反感的術語，比如「神經網路」和「顯著性差異」等，可以有一個簡單的了解。讀完第一部後，我們並不會成為專業的資料科學家，我只希望讀者對數據的可能性有初步了解，並對將數據轉化為公司

的商業競爭優勢，產生些許新的想法。

　　現在，是時候來看看我們經營的公司和我們（應該）掌握的數據了。想打造以數據為中心的公司，首先要將自己打造成以數據為中心的公司的管理層。

什麼數據才有價值？

本書第二部，我們會把注意力從數據分析轉向對各類經營數據的理解，以及這些數據可轉化的價值上。

　　首先，我們仍從客戶著手，透過特定客戶的銷售數據，理解顧客終身價值的重要意義。其次，我會介紹消費企業捕捉數據的一些方法，並討論客戶忠誠計畫這個重要話題。再次，我們會回顧透過分析可以產生價值的數據類型，包括產品庫存、店鋪業績和其他經營指標等。最後，我們會探討一些能產生價值的外部數據，包括客戶滿意度和市占率等。

誰是你最該爭取的客戶？

　　本章會將重點放在客戶數據。我們會研究一個重要話題——如何衡量並追蹤公司與每位客戶之間關係的價值，即顧客終身價值。首先，讓我們談一談公司行銷預算中「缺失的那一半」。

　　與零售商或飯店相比，以客戶關係為基礎的公司（例如電信公司和寬頻供應商）掌握著大量的客戶數據。他們必須知道，誰是他們的客戶、客戶住在哪裡，這樣才能為客戶提供服務。與此同時，訂閱服務確保他們會收到客戶的定期付款，從而形成歷史交易數據。

　　除了這些基礎數據之外，公司還會掌握訂閱客戶如何使用服務的細節資訊。比如，電信公司會知道，有誰打電話給你以及打電話的頻率；只要你的手機開機，他們就會知道你所處的位置，這讓他們對你的日常生活瞭若指掌。

　　由於掌握了如此豐富的數據，這些公司也比許多其他行業，更早開始探索資料科學的力量，並且已非常擅

長分析和利用數據。我們會探討這些公司不斷完善的數據分析技巧，並從他們身上取長補短，為我們自己所用。

維護老客戶的巨大潛力

不過，在開始討論前，我們不妨先以旁觀者的身分，看看擁有如此豐富的客戶數據會產生什麼樣的結果——這些公司如何在行銷上投入他們的時間和金錢。

任何一家合格的電信公司，不會只將行銷預算花在招攬新客戶上。相反的，他們會利用掌握的數據和自己的經營遠見，去維護老客戶，或讓老客戶將更多的錢花在升級服務上。

在這樣的公司中，會單獨有一個部門專門勸說（甚至花錢挽留）試圖取消服務的老客戶，勸他們改變主意。公司也會花時間和資源搜索資料庫，預測哪些老客戶會在不久後取消服務，並儘早找到他們。且公司不會放過任何讓老客戶升級服務的機會。比如，假如公司發現某老客戶經常出差，就可能推銷額外的漫遊促銷活動。

總體而言，許多這樣的公司**在維護老客戶與追加銷售（upselling，指說服客戶購買額外或更昂貴的產**

品）行銷的花費，**至少會與招攬新客戶的花費持平**。而這種做法，才是公司最該做的事——**維護與老客戶的關係，往往比獲取新客戶的回報更高**。前者**延長了可以廣泛預測的客戶關係**；而後者只是帶來一個新客戶而已，況且該新客戶或許很快就會取消服務，或變成呆帳客戶、低利潤客戶。所以，還是老客戶更加靠得住。

當你意識到，獲得新客戶通常需要花錢，以上分析就顯得更有道理。這些花費可能是你為了擴大品牌影響力、打造特殊優惠活動、吸引客戶入店，而不得不花的錢。但對於很多電信公司而言，它們還會為新客戶提供額外的設備，像是更便宜的手機或機上盒，導致招攬新客戶的成本，甚至比維護老客戶的成本還高。當你考慮到這些成本時，維護與老客戶關係的好處就不言而喻。

可是，假如你的公司不是一家訂閱服務公司，沒辦法輕易掌握客戶資訊，那又該怎麼辦？如果是零售企業或飯店業務，維護老客戶的成本將有多大？我敢打賭，你根本沒有制定這樣的預算。

在缺乏必要數據去衡量客戶價值的前提下，也無法計算維護老客戶的回報有多大。這意味著，掌握大量客戶數據的企業在計畫行銷活動時，知道這會帶來最大的

回報，值得他們從總支出中安排預算做這件事；而你，
卻對此一無所知。

從客戶著手

　　我們換一個角度來看待這個問題。如果一家電信公
司或付費電視公司發現，單月消費等級最高且合作多年
的客戶，突然之間取消了服務，這家公司必然會採取挽
留措施。然而，如果你最具價值的客戶決定不再來你店
裡購物，或不再來你的餐廳或飯店消費，而是投奔了你
的競爭對手，你卻束手無策，因為你根本不知道這些客
戶是誰。

　　這正是打造以數據為中心的企業的重要論據。如果
你能像訂閱服務企業那樣了解客戶，了解他們的消費情
況，就能開拓此前無法觸碰的另一半行銷機會，也就能
徹底改變自己企業的狀況。遺憾的是，對於零售商和飯
店而言，蒐集這些數據並不容易，須投入不少時間和金
錢。但回報相當可觀且值得。

　　因此，在第二部中，我們會把重點放在客戶數據，
包括你能蒐集到哪些數據，以及如何蒐集到它們。讓我

們從一些實際情況開始著手。客戶數據可分為兩類：第
一類是客戶個人資訊數據，第二類是客戶消費行為數據，
尤其是他們在自家企業的消費紀錄。

關於客戶的個人資訊

你可能想立刻研究第二類數據。畢竟，正是客戶的
一系列消費行為，為公司帶來了收入。不過，讓我們先
想一下，我們還知道或還想知道哪些客戶的個人資訊：

• 客戶叫什麼名字？如何聯繫他們？

這聽起來很簡單，但由於許多零售交易都是匿名，
要蒐集這些客戶基本資訊可能十分困難。可是，若沒有
這些資訊，我們就無法聯繫客戶，也無法做任何前文中
討論的客戶關係維護工作，從而為公司創造價值。

• 客戶的身分是個人還是家庭？

許多零售企業都直接將客戶視為個人，但在許多情
況下，**客戶的身分未必是個人**。一位家長可能會為自己
的孩子買鞋、衣服或玩具；一個家庭可能會一起預訂假
期的機票；一對夫妻可能會一起購買很多東西。有時候，

客戶群體的構成情況也十分關鍵，比如一群人一起購買門票。當然，在其他情況下，當客戶構成資訊不太明確，也可以把客戶視為個人考慮。我們都有過這樣的經歷：當我們為朋友網購了禮物後，會發現自己被相同產品的推送廣告淹沒，因為零售商並不知道，我們其實不是在為自己買東西。

* 客戶住在哪？

如果我們須將客戶網購的商品送貨上門，客戶住址顯然具備實際用途，但用途不只如此。知道客戶住在哪裡，就可以知道離客戶最近的實體店鋪是哪一家，並制定相關的行銷資訊。我們還可以透過客戶住址，分析某家店鋪的客戶來自哪裡，從而了解每家店鋪的服務範圍。此外，住址還有一個間接用途：正如我們在第一部中討論過，可以根據不同的郵遞區號，分析出大量人口學資訊。這意味著，如果我們知道客戶住在哪裡，就可以大致了解他們的身分，**從而判斷他們可能需要我們提供什麼產品和服務**。

* 我們還知道客戶的哪些相關資訊？或者他們還分享了自己的哪些資訊？

如果你在販售寵物產品，那麼，知道客戶的寵物類

型、品種、年齡，甚至名字都十分重要。如果你賣的是保健品或健身產品，了解客戶在這方面的偏好，對銷售也有幫助。

　　一般來說，我們對客戶了解得越多，越能為他們提供更好的服務。正如本書第一部討論機率時提到，可以透過客戶的一系列購買行為，來推斷出此類資訊。而且，客戶主動與我們分享的興趣愛好等相關資訊，也是無可替代。

　　• 客戶使用的支付方式是什麼？

　　關於付款方式的資訊，也同樣具備實用價值和間接價值。例如，我們可以向使用信用卡的客戶推送無息貸款產品；又或者，客戶選擇的支付方式，可能對建立客戶流失預測模型具備一定參考價值。

　　• 客戶平時使用哪些社群媒體？他們是否在這些平臺上，瀏覽我們品牌的相關資訊？

　　• 該客戶此前是否使用過我們提供的服務？他們是否曾投訴或諮詢過任何問題？他們是否曾與網路客服溝通，或在公司的社群媒體帳號上發過言？

關於客戶行為

在對客戶的個人資訊（即第一類資訊）有了初步了解後，我們來關注客戶的第二類資訊，也就是更為重要的歷史交易紀錄。

- 客戶從我們這裡購買過什麼產品和服務？
- 他們是否重複購買過某些產品或服務？他們的購買是否有規律和可預測性？
- 他們是否參與了公司的忠誠計畫？如果是，他們有多少積分？他們是否獲得過任何獎勵或權益？
- 他們傾向於購買促銷產品，還是原價產品？
- 他們傾向於購買剛上架的產品，還是上架了一段時間的產品？
- 他們是否傾向於對電子郵件廣告、郵寄廣告或其他廣告做出回應？
- 客戶購物車裡的產品構成，是否能提供給我們任何資訊？他們是否會同時購買某些產品？
- 客戶使用的購買管道有哪些？如果他們也會在實體店購物，光顧的是哪些實體店鋪？

總體來說，第一類客戶個人資訊屬於靜態資訊，這類資訊將個人（或家庭）作為購買單位；第二類個人交易數據則是動態資訊，展現了客戶與商家的一系列互動，並記錄了客戶關係的發展過程（甚至終止過程）。

別讓客戶感到被冒犯

在這兩種情況下，具體的資料集都取決於所處的行業以及銷售的產品。正如本書第一部提到，你應該和公司團隊一起討論，客戶的哪些資訊和購買紀錄值得掌握。只要你想，你總是能蒐集到更多的客戶資訊。但蒐集資訊往往須花費成本。所以在建立數據模型時，你該將蒐集目標**鎖定在能協助你建立和管理客戶關係的數據上**。

本書第一部，廣泛探討了可以針對數據提出的問題，以及能建立的數據模型。這些內容可以作為很好的篩選條件，將有用的數據區分出來，在建立模型時發揮不可或缺的作用。

隨著你分析能力的不斷提高，對將數據轉化為價值的理解也會更加深入。且隨著繼續討論數據模型，你還會發現掌握的資訊越多，分析的結果就越好。而與此同

時，你還會發現，某些資訊的蒐集難度非常大，成本也很高，可為公司帶來的增值卻並不明顯，因此可以放棄。

在這次討論中，對客戶的尊重和個人隱私問題也應該被納入。本書後面會談到更多關於儲存客戶資訊涉及的現實及法律問題。不過，目前暫時只探討客戶數據的分析問題。我們不妨將自己想像成以下企業：

・企業在社群媒體上注意到，客戶抱怨自己經常頭疼，所以企業提高客戶的人壽保險費。

・企業注意到，客戶經常點單人餐的外賣，所以企業向客戶發起是否願意訂閱全新約會服務的邀請。

・經營購物網站的企業，注意到某位客戶在買衣服上花的錢，在他所在的城市排名第一，於是向他祝賀。

這些資訊無疑是對客戶的打擾和冒犯，每一條都可能損害而非增進企業與客戶的關係。而這些荒唐、可笑的資訊，卻與很多企業在現實生活中的所作所為不謀而合。如果企業打造「以數據為中心」的終極目標，是構建長久的、有價值的客戶關係，那麼實現這個目標的唯一途徑，只可能是客戶認為公平且符合其利益的方式。

　　這條原則也適用於客戶主動選擇與你分享的資訊。最終，客戶打算告訴你多少個人資訊，完全取決於客戶自己。為了問一些無助於數據分析的個人問題而得罪客戶，是因小失大。這條原則尤其適用於那些你蒐集到的、客戶未明確選擇分享給你的數據，以及你根據其他資訊推測出來的數據。

　　舉例說明：根據你所建立的數據模型的預測，某位客戶極有可能對某產品感興趣，但模型預測並非100％準確。即便模型的預測結果是準確的，以下兩種行銷資訊的效果也有著天壤之別。

　　第一種是：「何不嘗試一下某產品？」

　　第二種是：「根據我們的數據預測，你該購買某產品了。」

　　沒有人希望被暗中監視。

客戶數據審核

　　在探討了道德等基本問題後，我們開始討論本章的主要內容：客戶數據審核（見下頁圖表9-1）。

　　前面我們了解到，公司可以掌握客戶的很多資訊和

圖表 9-1　客戶數據審核

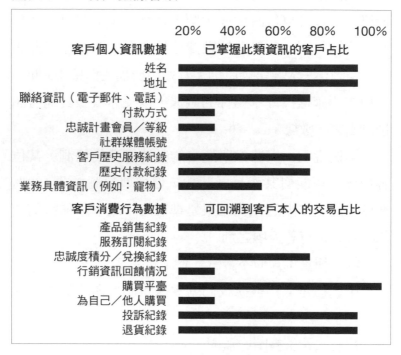

行為。接下來，我們首先要面對的問題就是：公司實際上掌握了客戶的哪些資訊？這些資訊是否完整？

　　透過圖表 9-1 範例中的資訊，可以從兩個面向大致了解這些數據的情況。

　　第一個面向是我們能掌握的客戶個人資訊。每類數

據下方均列出各項資訊明細。公司團隊須透過討論，確定哪些資訊明細對公司有用。我們沒有必要一次就做出100％正確的選擇。正如我們所見，這些情況是不斷變化的。不過，對最重要的資訊項達成共識，有助於公司理清思路，針對前文所討論的數據分析提出有價值的問題。

第二個面向同樣重要。這個面向是要求公司綜觀整張圖，評估自己所掌握的具體資料點的完整性。例如，如果你將客戶家庭住址作為一個重要資訊點，那就看看圖，檢查一下自己已掌握該項資訊的客戶占比是多少。

圖表 9-1 中上方（客戶個人資訊數據），關注的是企業已掌握某項特定資訊的客戶占比，而下方（客戶消費行為數據）的衡量標準則略有不同，圖中的百分比代表在特定的一段時間內，可回溯到客戶本人的交易占比。

因此，舉例而言，如果你覺得了解客戶從你這裡購買了什麼產品，是一個重要的資料點（我打賭你一定是這樣想的），那麼，在公司每週的銷售交易中，可回溯到某位客戶帳戶的交易又占比多少？而剩下的那些無法回溯的交易，要麼是由無法被識別身分的客戶完成，要麼是由身分資訊已知，但在該交易中未留下身分資訊的客戶完成。

　　我發現，**對於許多零售企業和飯店來說，客戶數據審核的作用更大**。在每年都從他們那裡購買產品和服務的老客戶中，許多零售企業只能識別其中的一小部分。

　　而針對客戶數據審核圖（圖表 9-1）中第一行的問題，許多零售商的回答都是：他們只能識別所有從他們那裡網購的客戶，因為客戶註冊了網購帳號，提供各類細節資訊，但幾乎沒有零售商可以全部識別在實體店消費的客戶，這種情況非常普遍。當然，如果零售商推出了客戶忠誠計畫，那麼實體店客戶的識別率也會大幅提高；但與網購相比，仍然非常低。

　　當你來到圖表 9-1 下方，提出可回溯到客戶本人的交易有多少時，你會發現，客戶數據缺失的情況會更明顯。這個問題顯然與你能識別多少客戶密切相關。但可識別交易的占比與可識別客戶的占比，並不是一樣的數字，因為其可回溯交易（甚至收入）的占比，會高於可識別客戶的占比，這是由於願意忍受麻煩去辦理會員卡的客戶，往往也是消費較頻繁、消費金額較大的客戶。

　　而更令人震驚的是，不同企業「可回溯交易的占比」之間的差距非常大。我曾和一些零售商合作過，他們有 70％甚至 80％的交易，都可以回溯到客戶本人。但也有

相同行業的其他企業，其可回溯率甚至不到 20％。這種差異太關鍵了。在本書第一部中我們看到了，你掌握數據的多少，限制了你建立模型和細分的能力。這個能力範圍的上限可以很高，而下限卻可以幾近於零。

引入顧客終身價值

當你無法將交易回溯到客戶本人，缺少的正是本章開頭提到的，對不同客戶具備相對價值的認識，以及維護老客戶、追加銷售和培養最具價值客戶的能力。

用數據分析的術語來講，這叫「顧客終身價值」。這是一個大家耳熟能詳的詞，我們都可能在行銷會議上用過它。不過，客戶數據審核讓我們對顧客終身價值的內涵一目瞭然，它就是我們與每位客戶所有交易的總和。有關顧客終身價值的計算方法，詳見下頁圖表 9-2。

事實上，我合作過的一家訂閱服務企業的負責人曾開玩笑說，我們的商業模式就是三個數字相乘——客戶每個月的消費金額 × 客戶光顧次數 × 客戶關係持續的時間。透過對本章中客戶數據審核的了解，我們應該對於自己是否真的掌握這些數據，有了基本的認識。如果

圖表 9-2　顧客終身價值的計算方法

來自客戶的「終身」收入，是我們與客戶關係總價值的核心內容，可分為三個部分。		
客戶每次光顧時 花多少錢	客戶每年 光顧幾次	客戶關係維持 時間有幾年
改善這三個指標中的任何一個，都能為我們的公司增加價值。但除非我們擁有所需的核心客戶訪問數據，否則，我們無法做到這一點。		

你不掌握這些數據，那麼所有關於維護老客戶、追加銷售及其他高級分析方法，就都與你無緣了。

⑩ 爭取客戶忠誠度，填補數據空白

　　本章我們會探討以不同方式，蒐集客戶個人數據和交易數據的利與弊，並針對**利用客戶忠誠度蒐集客戶數據的一種常見方式——會員卡**來討論。

　　上一章，我們了解到掌握客戶個人數據以及將交易回溯到客戶本人（包括消費紀錄、客服電話、投訴及退貨記錄）的價值。

　　如果企業掌握了豐富的數據，並了解每個客戶與眾不同的特點，就可以做到有的放矢，採取許多應對措施。在本書第一部，我們探討了與客戶關係相關的數據模型，具體涉及下列使用場景：

　　· 建立老客戶維護計畫，旨在確保企業最具價值的優質客戶，不會流失到競爭對手那裡，或當客戶已轉向競爭對手時，再努力將其爭取回來。

　　· 鼓勵客戶升級已消費的產品和服務——分析客戶

的歷史消費數據，推薦他們有可能感興趣的新產品。這是一個極具價值的模型，因為有大量研究表明，當客戶與企業的關係越深入，客戶在企業購買的產品就越多，客戶關係持續的時間就越長，客戶關係的價值也就越大。

　　‧透過鼓勵客戶在非高峰期來店消費，提高店鋪的經營效率。

　　‧識別最有可能和有興趣，購買某款新產品或系列產品的客戶類型。

　　所以，對於企業而言，了解你的客戶是誰、他們在何時從你店裡購買了哪種產品，好處非常大。這些數據除了可用於進行一些巧妙的分析，還讓你得以做好一項更基礎的工作，那就是提供卓越的客戶服務。

獨立零售商的優勢

　　我發現自己常會以小型獨立零售商來舉例。這些**獨立零售商對自己的客戶群瞭若指掌，能本能的識別誰是忠誠度高、有價值的客戶。**他們可能會為這些客戶提供額外的服務，或只是笑臉相迎、話家常等。但無論以什

麼方式，他們都會竭盡所能，確保這些有價值客戶享受整個購物過程，並十分樂意再次光顧。當然，這些獨立零售商希望所有的客戶都能經常光顧，然而在心裡根據不同價值區分客戶，並做出不同的反應，是一種自然且明智的人性化做法。

不過，當企業的**規模越做越大時，這樣的優勢就難以保持**。當成功的獨立零售商開了上百家連鎖店，他已經很難再擁有這種區分客戶價值的本能。毫無疑問，這上百家連鎖店裡的店長和管理團隊也想區分客戶的價值，但大企業流程會不可避免的阻礙他們這麼做。

在獎勵有價值的客戶方面，他們能做的要比獨立零售商少得多。由於大企業對服務時效的考核，使得他們很可能會面臨更大壓力，從而花更少的時間去服務每位客戶。更何況，員工通常不會比老闆更有動力為有價值的客戶服務，或盡可能多做一些事。

可想而知，從客戶數據的角度來看，許多消費類企業都不可避免的陷入尷尬境地：與獨立零售商相比，他們對客戶價值缺乏本能的、直覺的、主觀的判斷；且同時，他們也沒有掌握到數據，以至於無法有效分析客戶的價值。

對於實體企業而言，尤其是面對電商企業這種單一經營的競爭對手時，在數據上的差距就更明顯。客戶只要選擇在網上購物，就須提供相關的身分資訊。因此，電商可以輕而易舉的建立起完整的客戶資料庫。此外，由於電商通常是在最近幾年才興起，他們也不會被過去的技術問題所困。也就是說，他們不僅有完整的客戶資料庫，還能讓資料庫互相連結，從而提供更強大的數據分析基礎。

那麼對於實體企業來講，能做些什麼？答案就是**客戶忠誠計畫**。

積分卡：客戶忠誠度的假象

客戶忠誠計畫在一定程度上，相當於是解決客戶數據問題的一個副產品。對於長期實施會員制的企業來說，最重要的動力就是培養客戶忠誠度。這其中的邏輯在於，透過為會員創造獎勵措施，鼓勵他們進行更多的消費（購買不同產品，或在特定日期消費），從而促進品牌成長，並培養會員的消費習慣。

這種旨在鼓勵消費的忠誠計畫，並不是什麼新鮮

事——在客戶消費後發放優惠券或卡片，累積到一定數量，就可以換免費禮品，這種做法可以追溯到十八世紀。時至今日，其獎勵方式已經變成了咖啡店或麵包房的積分卡，每次購物時，店員會在上面蓋一個章，集齊所有印章後，就可以換一杯免費咖啡。

如今，這些簡單的客戶忠誠計畫，以及航空公司推出的複雜飛行常客計畫，在生活中已司空見慣。在許多人的錢包中，都裝滿了這類的會員卡。但這些卡片是否真的能達到預期效果？

相關學術文獻給出的答案喜憂參半。有證據表明，咖啡店推出這種積分卡確實增加了客戶的購買頻率；但諷刺的是，**對積分卡最買帳的是臨時消費的客戶，而非店裡的常客**。

研究發現，想盡可能發揮這類忠誠計畫的最大效用，就必須**制定更有趣的內容，比如意外的、新穎的獎勵，以及設置合理的會員分級等，以激發客戶的興趣**。

當客戶忠誠計畫越接近兌現獎勵的時候，客戶的消費行為就越受到該計畫的影響和改變。不過，**隨著時間的推移，忠誠計畫對實際購買行為的影響力會不斷減弱**。另外，當客戶持有多家企業的會員卡或積分卡時，這類

忠誠計畫的影響力還會進一步減弱。

一般來說，僅為了創造額外收入，就推出獎勵客戶的忠誠計畫，並非考慮周全的做法。畢竟啟動和管理忠誠計畫、發放獎勵都需要成本。按理說，實施忠誠計畫後，**帶來的收入須能抵銷上述成本才划得來**。

鑒於成本效益的計算過程十分複雜，許多消費類企業要麼完全避開這個話題，要麼改換成本最低的忠誠計畫（例如咖啡店的積分卡），從而讓風險最小化。只可惜，這麼做讓他們恰恰錯過了忠誠計畫的真正優勢——幫助企業提高客戶數據的完整度。

將消費紀錄回溯到客戶本人

隨著企業開發出更複雜的忠誠度積分計畫，他們發現，忠誠計畫的真正價值並不在於直接改變客戶行為（能改變當然最好），而是在於讓企業終於能找到銷售與客戶之間有意義的聯繫。

隨著消費最頻繁、最有價值的客戶辦了會員卡，空白的客戶數據被填補了。現在，你可以**將店裡的一部分消費紀錄回溯到客戶本人**。會員卡不僅讓客戶在實體店

的消費更一目瞭然，還能**連結客戶的線下交易與線上交易**，因為他們在線上交易時，應該也會使用會員卡。

且了解客戶的跨平臺消費行為，也可以大幅改變企業的經營現狀。如果你只根據線上銷售情況來判斷誰是最具價值客戶，則無法得知這些客戶在企業的整體經營中，是否也屬於最具價值客戶。

很有可能，你最具價值的客戶並非只參與線上購物或線下購物，而是兩種形式都有參與。之前許多零售類企業在分析數據時，往往只參考線上客戶的數據——因為他們只掌握到線上銷售數據。以這樣的分析結果描述整體客戶群，存在著很大風險，因為這種結果是片面的，對於企業的其他業務而言不具備參考價值。

正因如此，數據分析的結果往往也只發送給行銷部門，告訴他們應寄促銷郵件給哪些客戶。在本書的第三部會聚焦這種風險，並集中討論解決這一問題的辦法。

從成本效益分析出發——一開始就錯了

忠誠計畫的真正價值在於，它**填補了客戶數據的空白，提高了可回溯交易的比例**。這才是我們在規畫忠誠

計畫的內容或進行相關決策時，應該考慮的核心問題。

　　在以往的案例中，成本效益分析往往是企業決策的出發點：我們將提供哪些獎勵、折扣和其他好處？藉此提高客戶忠誠度和消費增長，是否證明投入是合理的？

　　而現在我們已經明白，真正的出發點應該是：**我們將提供哪些獎勵、折扣和其他好處？可以蒐集到多少額外的客戶數據？這些數據將為企業帶來什麼價值？**

　　雖然後者才是應該思考的正確出發點，但它也變得更難評估。至少在理論上，前者可透過建模來解決，甚至透過區域試點（Regional Pilot）來測試；而後者，則向我們提出了一個更微妙、更難以直接衡量的挑戰。

　　將成本效益作為出發點的風險在於，它將企業引向完全錯誤的答案。設想一下，你正經營著一家時尚企業。對你而言，客戶數據的真正價值在於，將正確的商品分配到正確的店鋪，以滿足客戶需求。你必須在每個關鍵銷售季到來前，將正確的商品種類和尺寸，配送到各家店鋪。

　　這時，在企業的董事會上，有人提出了推出會員卡的想法。在考慮這項提議時，你沒有考慮它是否有助於達成你的關鍵目標（將正確的商品種類和尺寸送到各家

店鋪），而是從成本效益分析出發，考慮了計畫帶來的直接得失。

按照這種思路，很容易計算出須贈送的禮品成本（積分和折扣）。至於你能得到的回報，最多不過是會員卡提高了客戶忠誠度和銷售業績的一些證據，而且還是零星的證據。於是，你得出了結論，要麼否決會員卡的提議，要麼換另一種成本更低、更普通的方式來提高客戶忠誠度。而這種做法從一開始就註定會失敗。

如果這種事在你耳朵裡聽起來很熟悉，說明很多人都做了這樣的選擇。許多零售企業和飯店都曾在評估是否推出會員卡時，選擇了錯誤的出發點，導致最終做出錯誤的決策。

所以，讓我們從正確的出發點來評估會員卡的提議。接下來，我們會將這個問題一分為二，逐一展開討論。

會員卡的成本問題

首先，我們來談談成本問題——須提供多少優惠，才能吸引客戶註冊並辦理會員卡。

顯然，這個問題的答案和企業的具體情況息息相關。

它涉及多方面的問題，比如那些客戶無論如何都會花的錢、會員卡對客戶消費習慣的改變，以及你售出的不同類型產品和服務的毛利和利潤率等。

在你考慮建模時，請務必再三考慮本章列出的客戶忠誠計畫的種種影響，這可節省很多錢。另外請不要忘記，客戶更願意參加那些有趣的、新穎的、富於變化的，且可持續帶來驚喜的客戶忠誠計畫。當你設計自己的忠誠計畫，並利用模型估算成本時，須多加考慮。

有趣的內容，比提供優惠更重要

我曾研究過兩個截然不同的客戶忠誠計畫，它們說明了設計思路的重要性。

第一個計畫是一家時尚品牌企業設計的會員卡，內容相當普通，特點就是非常慷慨，給客戶提供 10％的折價優惠。與許多其他品牌的會員卡相比，這張卡的優惠程度要高出很多。然而，這張卡為品牌帶來的促銷效果不太明顯。審核客戶數據時，發現可回溯到客戶本人的店鋪交易還不到 30％。

相比之下，由一家零售商推出的另一個客戶忠誠計

畫就相當專業。這張會員卡是為目標客戶群專門設計，展現零售商在客戶行銷領域的專業和熱忱。持卡人可享受一系列優惠，優惠條款繁瑣而複雜，但全部與客戶的自身利益息息相關。讓我印象最深刻的是，這張會員卡為客戶提供的實際回報非常少，只是偶爾會有些優惠券而已，和上面的時尚品牌相比根本不值一提。

第一次看到這個計畫時，我特別想告訴這家零售商，他們的計畫太過小氣，而且條款過於複雜和小眾。可是當我發現他們已經利用這個計畫，將店鋪交易的可回溯比例提高到 70％以上時，我真的驚呆了。事實證明，**就客戶忠誠度或會員計畫而言，設計有趣、體貼、新穎的內容，遠比提供直接優惠更加重要。**

企業在設計會員卡時，除了拿捏好趣味性和會員優惠之間的平衡，還應少些算計。

在英國，一家位於商業街的大型零售商就在這個問題上吃了虧。從其推出的會員計畫就明顯看出，這家零售商面臨著經營困難的問題，他們不給客戶持續購買的商品提供任何優惠，而只給那些可買可不買的新品打折。這樣一來，核算效益的確變得更簡單，因為計畫不包含客戶無論如何都會購買的高利潤商品。

　　然而，此會員計畫的危險之處在於，**它提供的會員優惠並不是客戶真正需要的**。更何況，與上面的案例不同，該計畫在設計上沒有有趣或新穎之處。結果，零售商「聰明反被聰明誤」，只能以失敗告終。

　　相比之下，英國商業街上最成功的會員卡當屬 Boots 會員積分卡（Boots Advantage Card），它已經有很長的歷史了。這張卡雖然功能不多，但名氣非常大，其獎勵總是十分貼心，而且對於持卡人而言都很有用。正因如此，它才能在數百萬消費者的錢包中贏得一席之地。

　　所以，我們可以得出結論：在設計客戶忠誠計畫時，第一步是制定對企業和客戶雙方而言，都有趣且體貼的計畫。當然，能提供一定的價值也很重要。尤其是在今天，我們生活在令人眼花撩亂的零售世界，誰的錢包中都少不了一大堆會員卡。

會員卡帶給企業的好處

　　接下來，要關注會員卡的好處問題。這裡的好處是指，一旦客戶擁有這張卡，會給品牌帶來哪些好處？

　　當然，在一定程度上，會員卡可能會以增加銷量的

形式帶來實際回報。儘管在本章我們已經明確了解，將會員卡的目標單純定義為刺激銷量，其實是制定了錯誤的目標，過分考慮吸引客戶辦理會員卡的成本也是不明智的做法。任何成本效益分析都應該將這一點作為抵消成本的因素之一，納入考慮範圍。

正如我們所見，會員卡真正的好處在於我們得到的客戶數據——我們看到客戶在哪裡、看到更多的生意機會。當然，這種情況讓成本效益分析也變得更加複雜。

我們或許難以事先了解：加深對客戶的理解，會為企業創造什麼樣的價值。但我們至少可以嘗試做一些分析。方法之一是根據我們掌握的數據，進行一次思想實驗（thought experiment）。如果你已經知道，所有客戶中有 5％的客戶為你帶來 15％的收入，那麼，**你至少可以計算出維護這些客戶或招攬更多類似客戶的好處。**

同樣的，如果你掌握了足夠多的數據，並按照顧客終身價值，將所有客戶劃分為不同等級，那你就能計算出，當一個客戶從某個等級提升至下一等級時，可以帶來的好處。也許你不清楚，須獲得多少額外數據，才能對客戶進行分級，但你至少可以利用手頭數據做一些可信度測驗。

如果你能選一家店進行一個試點測試，產生可以實際測算的確切結果，那麼在確定會員計畫帶來的好處時，也會變得容易一些。在第三部，我們會詳細討論在企業中推廣在摸索中學習的文化（test and learn culture）的好處，這是一個值得付諸行動的好例子。如果你認為自己找不到合適的理由這樣做，那麼你還有兩種選擇：要麼放棄這個想法（冒著犯錯的風險）；要麼換一種成本更低的方法去試一試。而後一種選擇，是幾乎所有成功企業都運用過的思路。

會員卡並非唯一答案

當你評估一個會員忠誠計畫，或重新評估已經展開的會員計畫時，請時刻牢記：如果你的主要目的，是為了將更多交易回溯到客戶本人，那麼除了會員卡，其他方法也可以實現這個目標。從本質上講，我們就是需要找到一種方法，搞清楚每一筆交易所對應的客戶是誰。

讓我們來想一想，可以用哪些方法做到這一點。

比較激進的辦法就是，直接去問客戶他們是誰。其實，在客戶交易時，抓住一個資訊，就可以實現與客戶

刷會員卡時相同的目標。這個資訊常是**電子郵件地址**，而數據蒐集的目的，往往被「請留下您的電郵地址，以便我們將收據發給你」的話術掩蓋。當然，其他話術也可幫助我們確認客戶身分，具體取決於資料庫期待掌握客戶的哪些數據。比如，手機號碼也是一種可以識別客戶身分的資料點。

隨著技術的進步，完全虛擬的會員卡也成為一種可能。只要客戶在公司註冊過自己的信用卡或簽帳金融卡，那麼每次客戶使用這張卡購物時，交易就可以回溯到這位客戶本人。不過，這種虛擬會員卡操作起來，要比聽上去的更麻煩，數據保護的相關規定和協力廠商銀行都是增加操作難度的因素之一。但隨著這種虛擬會員卡的應用成為現實，識別客戶身分的成本也大大降低了。

事實上，支付技術的進步也可以幫零售商的忙。例如，目前人們已開始使用手機進行零接觸支付，這相當於客戶向行動支付企業分享消費資訊，包括客戶在哪裡消費以及花了多少錢等。現在，客戶雖然沒有將這些資訊直接分享給零售商，但行動支付企業有可能將客戶加入計畫，將客戶的消費紀錄，尤其是自帶精確時間戳記的消費紀錄，回傳給零售商，讓消費紀錄和客戶個人之

間產生連結。

同樣的，世界各地的零售商也在不斷創新，利用信標（beacon）等新技術，在客戶到店時與其手機建立連結。信標連結不會冒犯客戶，因為它和 Wifi 不一樣，不須客戶進行任何手動操作，此外，信標還充分考慮了隱私問題。一般來說，客戶須先在手機上安裝 App，並同意將 App 數據傳送給信標。這為構建客戶共用社區創造了條件。

在客戶同意分享數據後，零售商會知道客戶在店內的位置，以及前往哪個收銀臺結帳。雖然這不能完美的將訂單與客戶聯繫，但也不失為一種有意義的進步。

這些會員替代方案，有些已經成為現實，有些還在等待技術進一步革新，以及行動支付企業的服務創新。雖然許多交易都是匿名進行的，但任何關注顧客終身價值的企業，都該密切關注這一領域。或許，這將成為一個替代昂貴會員計畫的好方法。

本章探討了一家企業在向以數據為中心轉型的過程中，最大的進步在於，**將消費紀錄與每位客戶聯繫起來，理解客戶的個人價值。**

我們還探討了實現這一目標的多種方法。我們看到，

想將客戶與其消費紀錄連結，必須掌握好有效性和成本效益之間的平衡。我們還知道，與該領域相關的技術正在不斷向前發展。

　　然而，實施上述所有方法的前提，是徵得客戶的同意。只有在客戶知曉並自願加入的情況下，我們才能成功的蒐集數據。反過來說，這意味著我們**須為客戶提供適當的獎勵，讓獲取數據的方式不會冒犯客戶，或引起客戶的反感**。

　　當我們把這些事情都做好，在前面討論過的數據分析技術，就有用武之地。這些技術不光可應用於分析客戶數據，還能為企業的其他方面創造潛在價值。所以，讓我們（暫時）先將客戶放在一邊，來好好想一想，數據在其他方面如何為企業帶來收益。

庫存、門市和經營業績

本章會關注客戶數據之外的其他內容，研究其他類型的公司數據，以及這些數據可能為企業帶來的價值。

我們從客戶個人數據及其消費紀錄著手，開啟探索公司數據的旅程並不偶然。維護最具價值客戶、推動收入增加的模型和數據分析，本身就是極富吸引力的話題，也是經常被寫進文章並屢次獲獎的分析。

不過，公司還擁有許多其他的數據。運用我們學到的分析技巧，深挖這些平均數背後的深意，對公司同樣大有好處。

及時洞察，比對手早一步行動

試想一下，一家大型超市有很多的會員客戶，也擁有包含客戶歷史消費數據的龐大資料庫。很顯然，這些都是衡量顧客終身價值，採取以客戶為中心相關措施的重要材料。

　　可是這家與眾不同的超市，卻利用所有數據做了另一件事：**將客戶的每一次購物內容組成一個購物車**。因為客戶每次購買的全部產品，顯然都會放進同一輛購物車裡。購物車不僅展示了客戶的消費行為，也揭示了在某個特定時間點，客戶選擇購買的產品。分析不同時間段，不同客戶其購物車中的產品構成，可以讓我們了解更多關於客戶的資訊。

　　例如，購物車可以展現客戶選擇產品類型的變化趨勢。他們願意以較低單價購買家庭裝產品，還是願意購買更便於拿回家的小包裝產品？在某一個地區，客戶是否傾向於購買更多的即食食品，而較少購買米、油、新鮮蔬果及肉品等食材？還是剛好相反？在週末和工作日，客戶對購物車中的產品選擇是否存在差別？

　　我們之前探討的所有分析技巧，都可以用來回答此類問題。如果我們利用資料集或數據細分技巧，來處理購物車數據，會出現什麼有意思的事？客戶會不會比我們想像得更頻繁來購買某些產品？而這又說明了什麼？

　　案例中的超市不僅利用客戶的購物車數據，做了上述所有分析，還做了一件對公司產生巨大影響的事：超市**分析客戶放入購物車的產品類型**，並在某些消費潮流

蔚然成風之前，及時洞察趨勢。一旦發現苗頭後，他們就能**比競爭對手先行動**，例如為關注體重健康的客戶，推出一系列有機食品和即食產品，現在這兩類產品都是當之無愧的熱銷產品，而提前透過數據分析窺探到這種潮流，則為超市贏得了寶貴的商機。

數據為公司創造的各種利潤

現在，讓我們來想一想，應該如何對公司的整體業務進行數據分析。

• 了解客戶購買產品的宏觀趨勢（如案例中的那家超市）。透過分析客戶個人消費行為，洞察更廣泛的消費趨勢，我們可能會發現新的產品類別，或觀察到其他苗頭，比如國內不同地區的客戶心理變化等。

• 建立庫存模型，為每家店分配適當的庫存產品種類及數量（對於時尚行業零售商而言，還包括合適的服裝尺寸）。正如後面內容中探討的，許多零售企業中，庫存產品的分配過程仍然是按照某種慣例進行。

• 預測各種需求高峰時段，比如客服中心的電話高

峰、實體店鋪的客流高峰，或網站點擊量高峰等。在每種情況下，準確的需求模型都讓我們以最具成本效益的方式，合理的進行資源配置。例如，在高峰時段，安排足夠數量的客服人員來接聽電話。

・對購物中心或百貨公司的老闆而言，可透過模型分析，為不同的特許經銷品牌或產品類別，合理分配營業場所。

・對於一家大型物流公司而言，可透過模型分析，計算出物流車的最佳路線，以及每輛車負責運送的最佳訂單組合，以達到效率最高、成本最低的效果。

・透過建立模型，分析不同產品的故障率或投訴量，確定發生特定問題的產品，在客戶大量投訴之前，提前找到該產品的「問題批次」。

我相信，你和你的管理團隊肯定能找到許多類似的案例。將這些案例與客戶數據模型聯繫起來，就能建立顧客終身價值、客戶流失率、呆帳客戶預測、特定產品購買意願等模型。無論是公司的各個部門，還是管理團隊的各種職能（function），都可從數據分析中受益。

報告中的平均數，合理嗎？

任何以數據為中心的零售商，都有一個值得深入討論的問題：如何優化每家門市的產品銷售範圍？零售商都知道，從本質上講，庫存產品意味著積壓資金，因此，確保將能給企業帶來收入的產品放進倉庫，是取得經營成功的關鍵因素之一。

零售商通常會利用各種系統，確保在正確的時間，將正確的產品送到正確的門市裡。但這些系統有的相當複雜，有的卻只憑直覺或慣例預測，給出類似於「這是該門市每年此時通常需要的產品數量」的提示。

所以，預測結果不盡如人意也就不奇怪了。比如，英國零售商瑪莎百貨（Marks & Spencer）在分析整個秋冬季的銷售收入令人失望的原因時，將其歸咎於物流部門的操作失誤，因為他們沒有將合適尺寸的大衣送到該送去的門市。

而許多零售商在初次進行以數據為驅動的庫存水準調查時，都深刻的體驗了「均值恆錯」的教訓。他們通常會發現，**報告中所謂合理的總體庫存平均數字，其實還包含一大堆滯銷產品**。這些產品在門市裡存放多年，

長期占用營運資金，早已布滿灰塵。

　　在解決這一問題時，一家食品零售商採取了極富創意的做法，並使用了不同的技術組合。根據會員卡的數據，零售商了解客戶在哪些門市消費、在購物車裡放入哪些產品。但零售商並沒有利用這些數據，簡單的建立一個總體數據模型，而是先細分門市類型。例如，哪些門市的主要客戶屬於下班後購物的人群、哪些門市的客戶主要為周邊居民等。

　　零售商先分類門市（請注意，沒有人監督門市分類工作，所以對具體劃分的類型也沒有規定），然後為每種類型的門市建立庫存的預測模型，這種做法提高了公司的整體業績和效益。

從客戶需求量出發

　　在透過模型測算合理庫存水準時，一家 DIY 零售商的做法十分有趣。根據各門市的歷史數據和服務區域，該 DIY 零售商在對不同門市的庫存需求水準建立模型時，提出了最小工程量（minimum project quantity）的概念。例如，在浴室油漆產品的庫存中，如果某種顏色的

庫存低於塗刷一間浴室所需的平均油漆用量，那麼在庫存中保留這一點兒商品，其實沒有任何意義。

這種從客戶需求量出發的考量角度（下一章會進一步探討），完全改變了零售商建立的最佳庫存模型的輸出結果。**客戶對許多產品的最低需求量，有可能遠高於門市的庫存需求**。在意識到這一點後，為了保留滿足最小工程量的庫存，零售商就要想辦法縮小產品的種類。而這本身，又是另一個非常有趣的建模過程。

哪些庫存從未減少？

綜觀公司所有業務數據，當你從中選擇適當的數據建立模型時，還應該注意，**哪些產品是賣不動的，哪些產品的庫存是從未減少的**。藝術家在創作藝術作品時，往往會考慮物體之間的間隙，即**負空間**（negative space）。同樣的，在我們評估公司業務數據時，也可以將其中某些負面數據，當作公司業務中的負空間。

那些**客戶考慮購買但最終沒有購買的產品數據**，就是一個很好的負空間案例。如果你了解到，某些產品**表面上具有吸引力，經常被客戶拿起來仔細挑選，最終卻**

並未實際購買，那麼，這些數據實際上向你傳達了很有用的資訊。在一家時裝店裡，貨架上的一件衣服也許看起來不錯，但摸起來手感不舒服，所以客戶還是寧願將其放回貨架上，也不願意花錢買回家。

針對這種負空間，我們應該如何測算？

在你公司的網站上，查找被客戶瀏覽過但未被購買的產品，是一個顯而易見的辦法。你可以查看，客戶點擊哪些商品的頁面，停留了一段時間，閱讀了評論區，甚至將商品添加到購物車，但最終沒有購買。透過這一系列資訊，你可以了解到網站的可用性（比如產品的圖片是否充滿吸引力）、出售產品的完整性（客戶是否選中某款產品，但因為缺乏相應尺寸或花色而選擇放棄）、產品價位以及同業競爭情況。

事實上，客戶在網站購物時，也經常會拿你的產品與競爭對手做比較，這本身就是極具價值的潛在數據來源。現今的技術，已經可以做到允許品牌追蹤其競爭對手的行銷動態、產品價位變化，甚至是某些特定單品的庫存缺貨情況。這些數據都可以為品牌帶來大量商機。

但正如前文提到的，由於網路數據容易獲得，過度的分析線上數據，也可能將企業引至錯誤的方向。網路

數據無法告訴你「哪些衣服的手感不好」，雖然退貨數據可能可以說明一定問題。這部分的數據，也是與負空間相關的有趣資訊。

　　想真正了解客戶認真考慮但還是選擇放棄的產品，**我們須結合門市數據和網路數據來檢視**。可是，我們又如何知道，門市中的哪些衣服是被客戶試穿過，但最終沒有購買的？

　　借助技術手段，或許可以得到答案。例如，在優衣庫（Uniqlo）等服飾店中，除了衣服的價格標籤之外，RFID 電子標籤（Radio Frequency Identification）的應用也正在逐漸普及。商家可以利用掃描器，監控帶有 RFID 電子標籤的服裝在店內的行動軌跡。RFID 標籤對於服裝而言是獨一無二的，且也可應用於其他場景。最常見的應用是，只須將所有帶有 RFID 標籤的衣服堆放在掃描臺上，收銀機就可以自動讀取衣服的價格。這種付款方式，比人工逐一掃描價格標籤要方便得多。

　　不過，我們之所以討論，是為了弄清楚 RFID 標籤及相關技術是否可作為測算負空間的另一種數據來源。透過掃描 RFID 標籤，門市就能監控那些進過試衣間被試穿的衣服。將該數據與銷售數據對比，就可以準確的

了解客戶的購買行為。

　　RFID 技術的應用，讓我們聯想起前文提到的一個畫面：有了這種技術，大型服裝店的老闆或經理，就能快速的了解客戶試穿過哪些衣服但最終並未購買，從而擁有與獨立零售商老闆相同的經營體驗。

　　在本章中，我們把客戶的個人數據和消費紀錄放在一邊，研究了數據在其他方面的應用價值，例如分配門市庫存，以及測算雖被試穿卻沒賣出去的產品，所形成的負空間數據等。

　　至此，還剩一個資料庫等待我們去探索：外部數據，以及外部數據為公司帶來的價值。

⑫ 市占率：由外向內看

本章會聚焦於公司以外的數據。先蒐集外部顧客（external customer，購買企業產品或服務的人，也就是一般所說的顧客）的看法，然後再討論最有用的外部數據王牌：**市占率**。

影響消費者決策的因素：頭、心、手

為什麼你經常去某幾家商店買東西？為什麼你經常去某幾家餐廳吃飯，成為那裡的常客？關於此類問題，大部分人會回答：因為這是我們的理性選擇。可我們在那裡花掉的錢，又能換回什麼？我們購買的商品或餐飲其品質是否過關，性價比又是否令人滿意？

其實，理性評估只是其中一個答案。我們當然還會考慮：選擇去購物或吃飯的環境，帶來怎麼樣的體驗？服務員是否面帶微笑？消費環境看起來是否與我們的身分相稱？我們是否覺得工作人員和其他客人與自己屬於

同一類人？當我們需要幫助時，是否有人給予關照或幫
我們解決問題？

　　所有這些問題，都指向了消費者決策時的情感因素。
我曾與一位的優秀學者共事過，他為此專門發明了一個
詞，叫做「頭、心、手」（head, heart and hand），來形
容消費者在選擇某個特定品牌時的心理。在決策時，消
費者一般會考慮三層關鍵因素：

　　・頭：首先，消費者在決定要購買什麼產品時，
會先做出客觀決策——這款產品是否是能買到的最好產
品？與競爭對手相比，這款產品有哪些優勢？

　　・心：其次，正如剛剛提到的，消費者在做決策
時，還會受到情感因素的影響。

　　・手：最後，手代表消費者對如何花錢做出的價值
選擇。比如，在哪裡購買什麼東西？是否要為了更低的
單價而購買家庭裝產品？在產品的有效期限到期前，來
得及用完嗎？

　　透過上述區分可以看出，頭和手代表決策過程中的
理性因素，而心則代表情感因素。

　　任何一家消費企業或品牌在尋求新客戶和收入增長時，都須充分考慮上述因素。例如，作為一家零售企業，成功經營的祕訣之一，是將正確定價的正確產品擺在自家門市裡。但如果門市裡燈光昏暗、亂七八糟，店員全是一副不想工作的樣子，根本懶得搭理客戶，那麼，所有理性判斷都會變得毫無意義。

客戶是否會向朋友推薦你的品牌？

　　這些內容與企業向以數據為中心轉型又有什麼關係？了解客戶與企業之間的複雜關係，就等於開闢了一個全新的數據縫隙，讓我們得以挖掘、測量和分析數據。如果客戶對品牌的看法，能對企業的成敗產生如此之大的影響，你作為企業高階主管，就應該去了解。

　　相關研究方法不勝枚舉，其中關於利弊的分析，完全可以寫出一本書。我們這裡長話短說，簡單總結一下，企業獲取有用客戶態度數據的主要方法。

　　• 客戶滿意度調查：幾十年來，品牌一直在透過各種形式，調查客戶對於當天的服務有多滿意，並記錄客

戶的回饋。這是形成客戶滿意度數據的一種簡單方式，但並非沒有爭議。其爭論的焦點在於，調查該在什麼時間點進行，以及如何進行。因為有大量證據表明，不同的調查時間和不同的調查方式，都會導致截然不同的調查結果。而且，也有不少人對此類調查結果的實際意義提出質疑：客戶真的誠實而公正的回饋了自己的看法嗎？抑或只是出於禮貌，隨便給出 10 分中的 7 或 8 分？

· **淨推薦值**：為了獲得更有價值、更真實的客戶觀點，一系列的衡量指標應運而生。其中，淨推薦值涉及一個略顯尖銳的調查問題。這項指標關注的並非客戶的滿意程度，而是**客戶是否會向自己的朋友推薦該品牌**。它剔除了那些作為禮貌性回應的 7 分和 8 分，將 9 分和 10 分視為支持者（advocacy），將 1 至 6 分視為反對者（detractor）。淨推薦值的得分計算也很簡單，就是用支持者的百分比減去反對者的百分比，從而得到一個範圍在 -100％到 +100％之間的比例。

創造一個更有意義的指標，這種做法的初衷是值得肯定的。而且，淨推薦值的確也被許多企業所採納。但是，該指標仍然存在著一定爭議。而且，其形成過程也可能被操控。很多客戶都曾有過這樣的經歷，導購人員

或服務工程師會反覆強調 9 分和 10 分的重要性，並直接告知客戶，「評分會影響其個人收入」。所以，作為一種衡量指標，淨推薦值非常容易受到影響，稍微改變一下詢問方式或調查時間，評分結果就會產生很大的改變。

‧ 其他的衡量方法還有很多，除了調查整體滿意度，還可以**向客戶提出具體問題**。例如：你找到今天想買的東西了嗎？

古德哈特定律

追根究柢，任何試圖衡量客戶真實想法的指標，都是不完美的。就算是淨推薦值這種被精心設計出來的指標，依然逃不過古德哈特定律（Goodhart's law）。

古德哈特定律是指，當一項指標變成了一個目標時，它就不再是一個好指標。以淨推薦值為例，我們從上述案例看到，當銷售團隊已經將這項指標變成目標，可能會有意誘導客戶評分。他們向客戶提前強調該問卷的重要性，並人為挑選參與調查的對象、一天當中進行調查的時間點。類似的操控行為已成為常態。

儘管這些衡量客戶態度的指標數據本身就存在操控

行為，也很容易受到影響，但對於你的企業而言，它們依然是真實而有價值的數據來源。

參考數據的前後一致性，可以從一定程度上緩解數據容易波動的問題。你可以在銷售過程中，在規定的時間點，以規定的方式向客戶提出規定問題。這樣一來，你至少可以剔除因不同的調查方法而引起的數據改變。

人為操控的問題更加難以處理，如果能**避免將該指標大張旗鼓的作為目標**，應該會所有緩解。例如，如果你會定期調查在某家門市消費的客戶的淨推薦值，那麼比較推薦的做法是，不要將「上週的淨推薦值」直接作為門市的獎勵依據。這樣做更有利於減少人為操控，從而獲得更可靠的數據。

為什麼要調查客戶滿意度？

為什麼要調查客戶滿意度？這麼問並不代表衡量客戶滿意度不能獲得什麼直接好處。這和一張會員卡有可能改變部分客戶的購買行為一樣，一家預先知道將調查客戶滿意度的門市，也可能更願意為了提升滿意度評分，而採取更多的積極措施。

　　我曾在一家企業中做過淨推薦值調查，結果不同地區的分店開始相互指責，稱對方在調查淨推薦值時，採取了一系列操控行動。而最終的結果證明，企業值得花錢做這次調查，因為企業不僅獲得了數據流程，還在機構內部掀起關於客戶滿意度及其背後動機的討論。討論過程為企業帶來的價值，遠比分店在背地裡做的小動作更為重要。

　　這本書讀到現在，我們心裡應該明白，除了這些直接好處之外，調查客戶滿意度的真正原因，在於**蒐集極具價值的數據**。在會員卡的案例中，我們已經了解到，推出客戶忠誠計畫的主要原因並不是為了提高客戶的忠誠度，而是有機會蒐集客戶數據。

　　而就上述案例，滿意度調查的間接好處同樣超過了直接好處。透過積極展開的客戶滿意度調查，我們蒐集到的數據為企業創造了巨大價值。

　　那麼，當我們將客戶滿意度數據導入企業的資料庫時，會產生什麼價值？其實，我們在第一部中討論的所有建模技巧，不僅可用於分析滿意度數據本身，還可用於分析滿意度數據與其他業務數據之間的關聯，例如以下幾點。

・門市的庫存週轉速度與淨推薦值之間有關係嗎？

・消費頻率更高或忠實度更高的客戶，是否打出了更高的滿意度評分？滿意度是否提高了客戶的購買頻率？我們能否得出此類相關的結論？

・企業出售的某些產品或提供的某些服務，是否得到更高或更低的滿意度評分？如果是，企業能採取什麼相應措施？

・在企業的服務中，哪些方面真正提高了客戶滿意度或推薦值？

透過對幾家企業的觀察，我發現令人驚訝的結果：對滿意度影響最大的因素，是**客戶進店時是否受到店員的熱情迎接**。在整個購物過程中，進門是最關鍵的一環，也是給客戶留下好印象，令客戶感到滿意的第一步。

事實證明，客戶在回訪溝通（也有人稱其為焦點團體〔focus group〕訪談）中，常提到的一些細節，例如商品的性價比如何、商品擺放位置是否易於找到等，最後都不如熱情的第一印象重要。

當然，在運用客戶滿意度數據時，也須注意一些事項。比如，我們在第一部中提到的顯著性差異，同樣也

適用於滿意度數據。與處理其他類型數據時一樣，我們也要對滿意度中的平均數保持警惕，要深入了解其背後的細節資訊——在滿分 10 分的情況下，如果有 90％的客戶都打了 9 分，你就有了慶祝的理由；而如果剩下 10％的客戶都只打了 1 分，那麼別說慶祝了，估計你離倒閉的那天也不遠了。

重新審視倖存者偏差

關於客戶滿意度的數據，還有要特別注意的地方：當我們衡量某項數據時，須**對使用的樣本多加留意**。為什麼提到要多留意樣本？舉個例子來說明。

假如我告訴你，服用某種重症藥物的病人 100％都活了下來，想必你會很高興。但如果我繼續告訴你，調查對象只包括那些能活著填表的病人時，你一定會發現，這個研究方法存在一個明顯的漏洞：任何在服用藥物後死亡的病人，都已經被排除在我的研究之外。這意味著，不須調查該項研究的結果。

這就是我們在本書第一部探討的倖存者偏差。雖然這種做法聽上去很愚蠢，但在你的公司中，也許類似的

事其實已經做了幾十遍。畢竟，我們提到的客戶滿意度或淨推薦值數據，都是建立在已經在你店裡購物過的客戶身上，而沒有在你店裡購物的客戶並不包含在樣本之內。這並非指你的調查結果沒有價值，只是告訴你在解釋這些數據時必須謹慎。

舉例而言，一家航空公司公布一項調查數據，稱乘坐該航空公司某條美國航線的乘客中，有84％的人對該航空公司的服務表示滿意。這聽起來非常棒，可是調查結果下面還印了一行小字，指出該調查是在航空公司的航班上進行。

也就是說，選擇乘坐其他航空公司飛機的乘客，根本就沒有參與該項調查。得知實情後可以看到，這個聽上去還不錯的故事，實際上是在暗示，在該航班上，有16％的人寧願乘坐其他航空公司的航班。顯然，這並不是什麼好消息。

此外，關於84％的滿意度，其真實性究竟如何？是不是因為所有其他不滿意的乘客，都選擇了其他的航空公司，才導致了滿意度評分這麼高？

市占率的作用

在談到倖存者偏差時，我們聯想到從未在我們店裡購物的客戶。這就帶出了另一類重要數據——為企業向以數據為中心轉型帶來的寶貴外部資料庫，就是**市占率**。

作為企業的一項 KPI，市占率具有鼓舞人心的作用。且強調市占率和市場規模等外部 KPI 數據的企業，會更主動探討未來將採取的積極措施。對於哪些市場措施會奏效、哪些不會，他們的看法也更具系統性、全面。

作為一種高級的 KPI 數據，市占率數據在企業的整體策略上，具有重要意義，但它未必能改變企業以數據為中心的發展現狀。你可以透過建模，將其他數據與市占率連結，例如產品可得性、平均排隊時間或淨推薦值，對提高市占率的影響等。不過，模型的用處也只能到此為止。

當你在剖析市占率背後的細節資訊時，其深層次內涵才得以全部展現，例如產品類型、市場所在地區，甚至具體到每一家店鋪、餐廳或其他地區的市場等。那麼，你能否以這些要素為標準，來分析市占率？根據市場情況，企業的剖析能力可能會相差很大。在某些行業，透

過行業協會或貿易促進會，就可以了解到大量的本地市場訊息；而在其他行業，想獲取這些資訊則非常困難。不過，無論你能獲取什麼資訊，都可透過下列兩種途徑發揮其作用：

・將數據作為一種獎勵工具。我認識一家零售商，在一年中，他對自己和競爭對手在全國各地的門市，展開了多次市場研究，得到了市占率和淨推薦值等數據。這意味著，該零售商可向所有門市展示其各自的排名位置，這個排名不是根據通用的市場競爭指標進行，而是和那些在同一條商業街上開店的競爭對手一起排序。事實證明，這種排名對於店鋪而言，是一種莫大的獎勵。

・在我們的數據之旅中，外部資訊越細化，建立的模型就越有趣。如果在不同城市，你的產品市占率不盡相同，那麼，產生區別的原因是什麼？根據一般零售經驗，這種差異會被歸結為店鋪位置的差異。「他們店鋪的地段比我們的更好。」可事實果真如此嗎？如果分析每個城市，原因難道不是在於，他們的庫存產品品質更好、營業時段更合理、服務細節更到位嗎？數據會告訴你答案。可我們需要明白，這些答案或許可改變企業產

品在某個城市的經營狀況，卻未必能從根本上改變企業的整體經營策略。

從關注自身到關注對手

用本章討論的方式獲取企業外部數據，無疑是對你已掌握的各種內部數據來源的有益補充。此外，這種做法本身就是一種變革，有可能轉變整個企業的思維方式，從只關注自身流程和產品，到關注外部客戶和本地競爭對手。此外，它還可能產生新的數據模型和分析方法，讓你不再只單純的關注自身業務優化，而是根據你所掌握的市場情況，改變企業的整體策略。

在本書第二部，探討了不同類型的數據及其相關模型，以及獲取這些數據的方式和這些數據對企業帶來的影響。現在，我們已經清楚，如果可以有效使用第一部討論的分析技巧，並利用第二部討論的各類數據，那麼，我們就能在企業推行徹底變革。

而挑戰在於，如何讓這一切變成現實。你的企業並不是第一個發現數據潛力的企業，有許多發現數據潛力的企業並沒有充分利用數據。企業的高階主管聘請一些

分析師或外部顧問，建立數據模型，甚至啟動客戶忠誠計畫。可最終，他們卻依然在懷疑這樣做是否值得。

英國一家大型零售商的執行長，就曾問我一個很多管理者都問過的問題：「我們在技術和資料庫方面投入了數百萬英鎊，費盡力氣的整合了統一的客戶數據，也僱用了新員工，但我並不認為，這對我們的收入或利潤產生了積極影響。我們到底哪裡做錯了？」

所以，本書第三部會分析他們在哪裡做錯了，並討論在向以數據為中心轉型的過程中，企業面臨複雜而棘手的領導力問題。

第 三 部

利用數據進行策略轉型

本書第三部，我們將注意力轉向如何打造以數據為中心的企業，重點討論在轉型過程中出現的領導力問題。截至目前，我們研究了可能為企業帶來價值的數據分析技巧，以及可以用來進行分析的數據類型。然而，為了讓我們的企業實現轉型，最大限度的利用數據分析為企業創造價值，還需要採取哪些關鍵步驟？

　　無論企業進行哪一種轉型，都會面臨企業文化、人員技術和態度、合作夥伴以及轉型專案落地方式等各種問題。

　　在接下來的幾章，會依序探討上述問題。首先，我們將研究企業中存在的文化障礙問題。這些障礙導致數據分析專案無法充分發揮其潛力。接著，將聚焦企業的關鍵主管和數據專家之間的溝通問題，探討如何擺正關係，順利對話。再次，我們會討論企業究竟該自力更生的培養數據分析能力，還是花錢將數據分析工作外包出去。最後，我們會探討管理層的轉變過程。

⓭ 數據「孤島」和「電郵工廠」

本章探討為何許多企業都未能從數據分析中，獲得他們想要的回報。其中的大部分原因都源自領導團隊的管理文化問題。

截至目前，本書已經充分闡釋了數據的力量，以及數據能為企業帶來的各種利益和價值，並探討你身為企業高階主管已經掌握或能獲取的數據，以及將這些數據轉化為巨大商機的相關分析技巧。

這些商機可能以全新的方式銷售產品，透過賦予成本效益的手段吸引新客戶，或維護好現有的最具價值客戶等。此外，企業可借這些商機提高管理效率，釋放當前被滯銷庫存積壓的資金，並確定哪些商品應該添加到產品清單中（或從其中刪除）。

如果你在閱讀了本書的案例分析後，已經對向以數據為中心轉型蠢蠢欲動，那麼，你的面前只剩下最後一個問題：如何做到這一點？

根據上一章的結論可以看出，想做到這一點並不容

易。如果你與其他企業的同行已探討過這個話題，或許更能體會其中的艱難。管理團隊雖然批了專案、撥了經費、聘了人才，但最終仍然覺得，他們只是花錢趕了某種時髦而已。在數據建設方面，企業的創新舉措被媒體爭相報導，企業的管理層也受邀參加了許多關於這一話題的會議。可是到頭來，數據真的為企業帶來改變嗎？

如果我們足夠坦誠，就必須承認，答案可能是「沒有改變」。

所以，在開始討論打造以數據為中心的企業時，我們不妨先聊聊，為什麼有的企業不會選擇這樣做。

這一切值得嗎？

讓我們先來看一個失敗的案例。一家英國大型零售商，在全國各地有數百家分店，還有功能完備、堪稱一流的購物網站。在過去，它曾一度推出過會員計畫，吸引大量的會員客戶加入。目前，在該店的大部分線上和線下銷售中，這些會員卡仍在被廣泛使用。

不過，企業的董事會自然知道，這完全不是以數據為中心的企業該有的樣子，還有相當多機會沒有被開發

利用。對此，他們做出一些貌似完全合理的投資決策。

　　他們意識到，自家的會員計畫原本是為了刺激消費而設計的，或更坦率的講，是因為所有競爭對手都推出會員卡，**他們才跟風這樣做。且會員卡並沒有幫助企業蒐集到客戶數據**。因此，董事會決定採取更加靈活的手段，改造會員卡平臺。

　　事實上，他們已經掌握了客戶的其他大量數據，而會員卡僅增加了其中一部分銷售數據。因此，他們必須將原有數據和銷售數據整合，形成我們在第一部提到統一的客戶資料庫。

　　然而，即便他們建立了統一的客戶資料庫，也缺乏很好的技術來分析數據。因此，他們設計了兩種圖形系統來解決這個問題。其中一個圖形系統設計得相對簡單，旨在讓不懂技術的人也能看懂數據（稍後會對此展開討論），而另一個系統則設計得更為複雜一些，是專門為數據專家準備的。

　　最後，由於企業沒有相關分析人才，所以他們決定外聘一名數據專家。

　　事情發展到這裡，並沒有產生任務偏差。可是，為什麼企業為建設資料庫投資了數百萬英鎊，而其執行長

卻會在兩年後，向我抱怨沒有看到任何回報？

　　沒有回報的專案，是失敗的。之所以會失敗，存在著什麼原因？在第三部，我們將對其一一探討，其內容具體包括：

　　・缺乏專案紀律。也就是說，這個統一的客戶資料庫，實際上**並未包括與客戶相關的全部數據**。而令人感到諷刺的是，未被納入資料庫的，居然也包括統一資料庫專案（包括會員卡平臺的改造）建成後通過審批的一些新專案。這樣做的目的顯然是為了節約新專案的成本，但這種做法同樣也導致可用於各類模型分析的客戶數據，依然沒有匯集到統一的資料庫當中。

　　・對數據轉化為價值的技術要求認識不到位。企業認真考慮了招聘數據專家還是使用外部顧問的問題（在第十五章中，我們將探討自力更生的培養數據分析能力或花錢外包的問題），最後決定為自己招聘人才。這個決策本身並沒有問題。但他們只招聘了一名數據專家，全權負責數據建設工作。很快的，這名專家就被各種要求淹沒，**只能優先去處理最緊急的任務，就是財務部門的基本報告數據**。結果，數據工作成了企業其他部門的

業務瓶頸。

　　· 整個企業上下都存在數據意識薄弱、對數據工作投入不到位的情況。舉例而言，市場行銷團隊在檢驗宣傳推廣效果時，幾乎從未更新過對照組的行銷情況及相關數據。結果導致，在投資了資料庫專案後，董事會提出關於市場行銷是否有效的問題，依然無法得到答案。

　　這家企業向以數據為中心的轉型之所以會失敗，原因有很多，但其中有一個最根本的錯誤。時至今日，也有許多企業犯過，那就是將資料庫建設當成一種潮流，而沒有將其當成一項關鍵工作。

　　讓我們稍微深入探討一下。建立資料庫顯然是一項大型專案，需要很多預算，董事會也有充分理由通過。那麼，那些本來可能並應該從數據分析中受益的各個部門，又是如何一步步將該專案擱置在一旁？

恐懼心理作祟

　　我們已經討論過許多數學和技術問題，而上述問題的答案，與人性息息相關。在企業向以數據為中心轉型

的過程中，最大的障礙來自於人們內心的恐懼。

　　試想一下，在與上述案例相似的大型企業當中，一名資深採購專員或主管實際上的處境。他們在職場中打拚多年，職位越來越高，現在，已經在企業進行關鍵決策時擁有了自己的一票。事實上，負責主要產品採購的主管，已經相當於企業高階主管團隊中的重要人物。

　　這些採購主管憑什麼進入高階主管團隊？大概是因為他們夠努力、有才華、有天賦，也有運氣。在各種優秀特質與其他因素的共同作用下，他們成為企業的高階主管，受人尊重，擁有話語權和豐厚報酬。

　　而現在，情況完全變了。忽然之間，整個行業都開始討論數位化市場平臺、數據引導決策等問題，還常會聽到一些深奧的術語，如本書前文提到的「機器學習」和「人工智慧」等。這些**高階主管很可能會感到無所適從**，不像其他團隊成員那般容易適應新潮流。年輕員工的成長環境可能存在著各類數位平臺與產品，因此雖然他們不具備高階主管的產品嗅覺和領導經驗，但他們更加熟悉數據分析，也更善於處理各類試算表。

　　當高階主管意識到，他們擅長的工作正在發生改變，而企業取得成功所需的技能也在發生改變時，當然會感

到恐懼。企業領導者任何時候都不應該忽視，轉型帶來的恐懼感有可能影響企業的穩定發展。企業領導者會想：如果現在的新技能比我畢生所學的技能更有價值，那它會不會影響到我的工作、地位和權力？

而極具諷刺意味的是，**害怕企業發生轉型的高階主管，也是企業中最有權力和影響力的人物。**

對「行之有效」的否定和吸引

本章首先要討論的，就是**否定（denial）**。我們可以想像，老主管或高階主管口中的「那些數字根本無法與經驗相提並論」，或「我們要注意不要丟掉多年來累積的成功經驗」之類的話。企業的高階主管（包括你在內）或許城府很深，不會將這些話大聲講出來，可是這並不代表他們的內心沒有這樣的想法。

高階主管心照不宣的否定數據轉型，主要因為有兩個誤區，此小節我們先討論第一個誤區，第二個誤區將在下一小節展開。

否定轉型的第一個誤區是他們對決策的影響。企業該不該投資客戶資料庫，或前文提到的以數據為導向的

專案？企業高階主管的心態可能是這樣：或許應該先把這些放下，去處理那些更緊迫、優先順序別更高的工作；還有多家新店要開業，物流基礎設施還需要升級；所有新事物看起來都充滿不確定性和風險，更何況，其潛在收益並不高；最好還是先去忙重要的事。

「總有更緊急的工作比這些時髦的數據轉型更重要。」這種說法有時也不無道理。高階主管的顧慮在一定程度上的確是事實。零售消費企業要做大，主要依靠卓越的經營能力。其核心競爭力在於，將大量不同產品的採購、分銷和零售等極其複雜的任務，安排成一系列可操作性流程，日復一日，在全國各地的門市周而復始的運作。而那些將目光從基本運作能力轉向追逐數位潮流的零售商中，失敗的也的確不在少數。

可綜合看來，這種想法犯了一個致命錯誤。因為只有在一種情況下，這套運作流程才是企業的重中之重。這種情況就是，過去奏效的做法在未來依然行之有效。但正如前文中提到的，消費企業所處的環境已經發生了天翻地覆的變化。如今，客戶可以在數位平臺和社群媒體上購物和消費，這種方式是前所未有的。而新興的創業公司已經做好準備，憑藉數據優勢打入市場，尤其是

在老牌企業還沒來得及向以數據為中心轉型時。

　　而我們已經成功的越過了這第一個障礙。開始加大對數據建設的投入，並認為向以數據為中心轉型勢在必行。在推進數據轉型時，有些高階主管會出於恐懼而選擇發展其他威脅性更小的業務，而此時，如果企業有一個態度積極的控股股東，對企業向以數據為中心轉型是有助力的。

數據孤島和電郵工廠

　　企業通過轉型決策是好事，可有的企業卻又一頭紮進否定轉型的第二個誤區之中——面對數據專案的興起、企業能力的欠缺和管理者心中對轉型影響的恐懼，管理團隊乾脆將數據專案局限在小範圍中，不予重視。

　　在企業中，用來局限數據轉型專案的地方被稱為**孤島（silo）**。通常，高階主管最喜歡用來安排數據專案的「孤島」是行銷部。

　　畢竟，在大多數情況下，蒐集數據都是透過行銷部的會員卡、手機 App 完成的。而且，在越來越多的消費企業中，產生豐富數據的電商業務也都被安排在行銷部。

　　行銷部不僅產生大量客戶數據，而且本身也是數據的主要使用者之一。數據模型的首要任務，當然就是分析企業應該與哪些客戶溝通，就連品牌定位等更加寬泛的問題，也可以根據客戶數據來尋找線索。

　　鑒於上述原因，將行銷部作為企業數據轉型的起點，是個不錯的主意。但需要注意的是，這會導致企業其他部門很容易忽視數據與自身業務的聯繫，進而使得數據轉型只給行銷部帶來變化，而未能影響全企業。案例中的企業就屬於這種情況。

　　前文提及的企業在談數據分析時，提到了**「電郵工廠」**（**email factory**）這個詞。它們將企業聘用的數據專家和其他參與數據處理人員統稱為「電郵工廠」。畢竟，他們的確是幹這個的。他們的任務就是透過數據分析，確定下週的廣告電郵應該發給哪些客戶。

　　這種叫法完全沒有貶低的意思。每當企業的其他同事談到「電郵工廠」時，都對其工作讚賞有加。事實上，如果一個品類的採購人員或主管打算大力推廣某款產品，就會跟「電郵工廠」溝通，請這一部門的同事來完成廣告推送任務，而這些數據專家和數據處理人員所能帶來的便利遠不只如此，這個稱呼雖不具有貶義色彩，

但表現了大家對這部分工作的理解非常狹隘。

這也進一步說明了雖然數據分析理應影響更多部門，實際上僅影響了行銷部的原因。採購主管可能只是將數據作為行銷部門發出更多產品推廣郵件的依據，而沒有考慮到，相同的數據也可被用來判斷應該先採購哪些產品。

同樣的，企業的其他部門似乎也沒有受到數據的影響。不論是門市的設計和連鎖方式，還是應該開哪些分店，都沒有參考客戶數據的分析結果。

擺脫否定的六種途徑

因此，在企業向以數據為中心轉型的過程中，我們遇到的第一個障礙，就是來自於管理層對數據轉型的否定。其真正風險在於，如果領導團隊（自覺或不自覺的）認為自身受到環境改變帶來的挑戰，就可能會因此否定企業轉型，就算被迫進行轉型，也會將專案限制在某個部門的範圍之內，將變化所帶來的影響降至最低。

如果你身為企業高階主管，在企業中強制推行數據轉型，但又覺得效果不如預想，有可能就是遇到這種問

題。那麼，在推進數據轉型的道路上，該如何避免這種情況？或者，如果已經出現了這種情況，我們又該如何處理？我們可以考慮下列六種途徑。

‧ 開誠布公的討論對轉型的顧慮。在團隊中討論數據轉型的重要意義，允許團隊成員表達關於轉型對個人影響的擔心。打造陽光的企業文化，讓否定轉型的障礙無法立足。透過認真討論，給自己和同事吐露心聲的機會，應對暗地裡的消極抵抗。

‧ 開啟共同學習之旅。邀請演講者和顧問來企業舉辦講座，介紹業內其他公司推行數據轉型的成功案例。在團隊中，如果有人試圖將數據工作描述為火箭科學那種只能由專家完成的高深事業，應對其敬而遠之，只邀請志同道合的人加入團隊。

‧ 將學習過程落實到個人。例如，安排年輕員工為高階主管團隊說明。曾有一家零售商，為每一位董事安排了一個年輕員工，詳細介紹社群媒體的作用。這些年輕人全部來自企業的各家門市。年長的、身居高位的管理者可透過這種有趣而又得體的方式，向年輕人學習，了解社群媒體到底是做什麼的、人們如何在社群平臺上

購物。在數據分析領域，同樣存在著新老搭配的合作機會。高階主管可以與機構內具備數據分析能力的年輕人合作，揭開新事物的神祕面紗。

・在考慮數據轉型工作的組織機構問題時（下一章會詳細探討），一定要**避免形成數據「孤島」和「電郵工廠」**。在關於數據分析的組織設置和管理對話中，一定要從全域出發，確保數據轉型給整個企業帶來全部的潛在好處，而不是只讓行銷部受益。

・認真考慮企業各部門的職責。由誰帶頭並負責數據轉型計畫？為了確保其他部門認真參與該計畫，不將其視作「別人的問題」，各部門和崗位的職責應該如何調整？可否在每個部門中指定數據工作聯絡人，配合核心團隊完成轉型工作？

・當然，有時很難和企業裡試圖否定轉型的高階主管打交道，他們自始至終都不能接受這種全新的經營方式。團隊中沒有人願意丟下團隊夥伴，但企業也應當注意，不要讓「凡事向後看」或出於恐懼而否定轉型的高階主管，拖累了企業的發展。縱容董事會的大人物主導數據轉型，堅持過去做法而排斥任何轉型，已經讓不少企業都吃了大虧。

要實現向以數據為中心的轉型，除了上述重要步驟之外，還有一個重要領域需要討論，那就是：如何讓高階主管以便捷的方式接觸並熟悉這些數據？

桌面數據工具的用途

通常情況下，企業內部推廣的一些數據視覺化工具（在建立了統一客戶資料庫之後），也是投資數據轉型的一部分。使用者雖然不是數據專家，但也可以透過此類工具了解數據。

比如不同地區的客戶是否購買不同類型的產品？或選擇一天中的不同時段購物？某一種類型的零售店是否比其他類型的業績更好？將各家門市一段時期內的數據繪製成圖表後，是否展現出業績差距？

從本質上講，這些工具都是透過圖形的方式研究數據，使用者在經過了簡單培訓之後，就能使用這些工具。它們本身就是為真正的經營者設計，而不是為數據專家設計。

針對推廣此類視覺化工具的情況，我還有一些不同的想法。我認為查看圖表和分析數據並不相同。我曾見

過不只一家企業簡單的認為，建立了統一的客戶資料庫，以及這類視覺化工具，就算完成了數據轉型，無須再做其他努力。可事實並非如此，管理團隊如果對此類視覺化工具使用得當，向數據分析團隊提出的問題會變得更多而不是更少。

提問題其實是一件好事。如果高階主管團隊更加熟悉企業數據，就會提出更多的問題，這對企業文化發展是有益的，那麼視覺化工具也將成為非常明智的投資。

注意高層因恐懼否定轉型

本章探討的是，在向以數據為中心的轉型過程中，尤其是在否定轉型的問題上，高階主管團隊所起的作用。不光是企業中的其他領導，包括我們自己，都必須承認這一點。高階主管團隊對此達成明確共識，才更有可能帶領企業實現成功轉型。

在第三部，我們會再次遇到這種出於人性恐懼和否定轉型的問題。前文提到過，企業高階主管團隊出於恐懼而否定轉型將帶來兩種可能的誤區。在後面的章節中，我們會繼續討論，由於高階主管對轉型保持的不確定性

產生的另一問題：如果企業的高階主管只能將數據轉型局限於諸如「電郵工廠」這樣的「孤島」上，那就只能將其整體外包出去。這就引出了企業在面臨數據轉型時，是自力更生還是花錢外包的兩難問題。

不過在此之前，我們須先開發出一套共同的語言，來描述端對端（end-to-end）數據轉型流程，為後面的討論打下基礎。而後，再探討我們應該如何讓整個企業都參與轉型。

⑭ 數據轉型的核心流程

　　本章我們將了解打造以數據為中心企業的核心流程，並探討如何在我們自己的企業中實施數據轉型。

　　要進入數據分析這種專業領域，你身為企業高階主管顯然需要數據專家的幫助。前文中討論的許多模型和分析技術屬於比較簡單的，而我們在實際中用到的數據分析模型往往更複雜，技術要求也更高。但即便是相對簡單的技術，也須提前做好劃分資料集等準備；而在解讀結果時，就更加需要有數據分析能力與經驗的人。

PPDAC 分析週期

　　企業須在開始建立模型前，以正確的格式準備好正確的數據，並正確解讀模型輸出的結果。這說明，數據轉型除了善於搭建如神經網路般精巧的模型之外，還有許多分析工作要做。想順利推進企業的數據轉型，避免數據分析過度偏向數學分析，我們可以採用 **PPDAC 分**

析週期（**PPDAC cycle**）。這種分析框架經常應用於與數據分析相關的專案中。你可能已經猜到了，它是由以下五個英文單字第一個字母組成的縮寫詞。

　　問題（problem）是指要搞清楚問題是什麼。這是透過數據分析解決問題的第一步，至關重要。在本書第一部，我們提到向數據團隊提出問題的多種方法。你可以回顧企業不同部門的工作，從已掌握（或能蒐集到）的數據類型中尋找靈感，提出有意思的問題，並透過數據分析來解決。

　　你必須仔細思考如何提出問題，以確保透過數據分析可以解決這些問題。比如，你打算用哪種具體標準來衡量？你如何得知，所建的模型有沒有解決你提的問題？稍後，我們會針對如何正確提出問題展開討論。

　　計畫（plan）是指接下來由企業的數據專家帶頭主導的規畫階段。該如何分步解決第一階段提出的問題？可以利用哪些分析技巧得出有用的回答？另外，為了使企業能順利展開數據轉型，要提前做好哪些準備工作？如果有的話，這些計畫或許比你想像的更難完成，因為在分析數據時，不同的分析技巧可能或多或少都適合，而每種分析方式，都要提前做好相應的數據準備。

　　資料、數據（data）顯然是下一個需要考慮的內容。為了執行計畫，需要哪些數據？我們掌握了這些數據嗎？或者，我們是否須蒐集這些數據？這些數據是否需要改進或加工？即便我們準備好了所有數據，例如，用於檢查服務水準和還款違約之間關係的客戶投訴資料庫和呆帳資料庫，各個數據來源之間是否能無縫銜接？或還需要我們進行數據匹配的相關工作？數據往往透過整理才能發揮更大作用。

　　分析（analysis）這個階段，在前文中已經討論過了。它涉及你使用的分析技巧和透過技巧分析得出的結果。為了檢查分析結果，應該保留什麼樣的對照組？我們使用的樣本的顯著性差異如何？分析結果是一個真正的結論還是帶有隨機性？

　　結論（conclusion）是最後的一個階段。我們所提問題的答案是什麼？結論是否清晰可靠？統計數據是否全面？該結論對於我們的企業具有什麼樣的意義？

　　我們將 PPDAC 描述為一個分析週期，事實上也確實如此。在許多數據分析實踐中，我們可能會在提出問題時就遇到困難。但在透過分析得出結論的整個過程中，可以不斷調整問題，再使用其他分析技術繼續分析。經

過這樣的多輪分析後，就可以得到想要的結論，並將結論運用於企業的經營發展中。

提出正確的問題

從表面上看，提出問題似乎並不難。例如，誰是最具價值的客戶？為什麼有些客戶會買某一款特定商品？哪些客戶最有可能對郵件推廣的行銷活動做出回應？

可事實上，提出一個既對企業具有價值，又可以透過分析技巧得出結論的問題，並不像想像的那麼容易。不妨就以前文「哪些客戶最有可能對郵件推廣的行銷活動做出回應」這個問題為例，看看企業在推廣一款新產品時，應該如何分析這個問題。

在企業的客戶中，可能有一部分的人已經傾向於購買這款新品。有些客戶熱衷於嘗試新鮮事物，每逢新產品面世，總會第一個排隊購買；又或者，該款新品可以解決某一部分客戶群所面臨的實際問題。例如，某家服裝企業推出了全新的嬌小身材系列服裝（以下稱「嬌小系列」）。而恰好有些客戶，正在一直尋找合身的衣服，所以都爭相購買該系列產品。

當你想到這一點時，「哪些客戶最有可能對郵件推廣的行銷活動做出回應」的答案，顯然就是那些翹首以盼這款產品的客戶。

不過，此一認知也讓企業發現，**自己其實提錯了問題。因為，無論這部分客戶是否收到了企業的行銷郵件，他們當中的許多人都一定會購買企業的新產品**。他們或許是從其他管道得知這個系列的新品，又或在逛街時碰巧發現。向無論如何都會購買這款新品的人推銷，其實並沒有什麼意義，尤其是當推銷需要付出成本時，也就是企業透過提供優惠券或新品優惠來推廣時，更是如此。

更好的問法應該是：「**與不進行行銷推廣相比，哪**部分客戶在收到行銷郵件後，購買嬌小系列新品的新增比例最高？」企業可以根據客戶的購買意願，畫一條坐標軸，每個客戶在坐標軸上都有自己的位置。坐標軸的一端代表著購買意願最大的客戶，無論你是否向他們進行行銷推廣，他們都照樣會買。而另一端則代表著無論如何行銷，都對新品不感興趣的客戶，向他們進行行銷推廣，同樣也是沒有意義的，因為他們根本不會對行銷做出回應。

而處於坐標軸中段的客戶，則是最有可能因為你的

行銷推廣，或因為給他們提供了方便的購買連結，而轉而決定購買的客戶。他們當然是郵件行銷活動的重點對象。因此，對於企業而言，需要問的並不是誰會購買產品，而是**誰最有可能因為你的行銷而越來越想購買這款新品**。

這是一個更具體也更複雜的問題。但這個問題與企業的經營業績息息相關。因此，企業也更有可能透過 PPDAC 分析週期，得到有用的答案。

成本效益分析和 PPDAC 分析週期

成本效益是個棘手的問題。它聽上去有點熟悉，因為我們在前文中曾提到過一些與之相關的內容。在第一部，我們討論了升降曲線圖，也提到了對客戶行為意願進行排名的預測模型。這意味著最終整體行銷的成本效益，取決於目標客戶群體的範圍有多大。

如果僅以少數最有購買意願的客戶作為行銷目標，那麼，絕大多數時候都在向正確的目標客戶行銷，業績也會提升許多。但顯而易見的是，最終獲得的目標客戶數量會小於上述的理想狀態。如果以較多的客戶群體作

為行銷目標，那行銷力度會加大，而預測模型的準確率也會不可避免的降低。

綜上所述，我們要對模型結果的成本效益樹立一個正確的認識。針對 PPDAC 分析週期提問時，這一點尤為重要。沒必要建立針對很小一部分客戶、非常準確的預測模型。正如本章討論的，**沒必要為了無論如何都會購買的客戶，專門建立預測模型。**

想建立具有成本效益的正確分析模型，必須先分析你希望解決的業務問題屬於哪種類型。以電郵行銷活動為例，在某些情況下，公式的成本一端是相對容易計算的（行銷本身的成本和所有優惠券或折扣的成本預測），但效益一端的計算就複雜多了。最關鍵的是，要去掉那些在不發送行銷郵件的情況下，依然會產生的銷售量。

在減少客戶流失或預測呆帳行為等其他模型中，效益一端或許更容易計算，主要為減少的流失客戶人數、大額呆帳等，但是，其難點在於「假陽性」（false positives）問題。你作為企業一方，為了減少客戶流失而投入的成本，可能會將資料用在不會流失的客戶身上；又或者，預測模型認為有可能違約的人，其實是很好的優質客戶。

　　無論具體屬於哪種情況，我們都須透過業務常識加以判斷，全面考慮成本效益公式中的所有因素。在進行PPDAC分析的過程中，很重要的一點是，應該設計合理的流程來衡量結果的正確性。這正是為什麼我反覆重申，應該在實驗中嚴格保留對照組的原因所在。有太多的企業都在不知不覺中，浪費了上百萬英鎊的資金。他們執行的專案貌似是有回報的，可實際上，他們只是在那些無論如何都會購買的客戶上浪費時間和金錢。

　　在開始和結束PPDAC分析週期時，作為企業的領導團隊，應該全力投入到將數據轉化為企業價值的過程中，確保在向分析師提出具體問題前，先測算真實的成本效益；並判斷分析結果是否真的值得採取行動。

　　正如第一部的客戶流失模型所示，我們完全有可能建立一個很好的客戶行為預測模型，但由於其結果存在「假陽性」的問題，即使你在目標客戶身上投入了維護成本，也依然無法為企業創造價值。

　　優秀的數據專家也該深度參與到這些關鍵階段中，幫助企業提出有價值的問題，並透過分析得出有用的答案。應該安排專家來回答「誰最有可能對行銷郵件做出反應」等問題，因為他們有能力將問題重新表述為「誰

有可能真正提供商業價值」，正如我們在本章探討的。

　　不過，這其中存在著另一個真實的風險：如果你的數據團隊對該企業的業務不甚了解，而業務人員對 PPDAC 分析過程的參與程度又不夠深，那麼，你很有可能會因為走彎路而再次浪費資金。如果該企業首先提出的業務問題就是有缺陷的（比如，我該把行銷郵件發給誰），而數據團隊對任務照單全收，並按照字面理解提供了字面答案，那麼，你就真的可能會得到一個無用的模型，或被預測結果引向完全錯誤的方向。

花大錢做分析前，先實地考察

　　在進行 PPDAC 分析的過程中，務必結合企業的業務實踐經驗。這需要領導團隊在提出問題階段後，持續參與後續分析工作。不過，你還要考慮另一個重要的輸入來源：在許多以數據為中心的企業當中，除了數據分析團隊之外，還有一個觀察團隊。

　　企業的觀察意味著透過各類市場研究等手段，對業務進行的實際觀察，包括研究結果及其他定量數據。通常情況下，在 PPDAC 週期的提問階段（以及在後面對

分析結論的解讀階段），最重要的內容都是定性的。

　　焦點團體訪談、客戶論壇、人口學研究及其他研究都屬於追蹤和觀察客戶的手段，其產出結果對於增進我們對業務背景的了解至關重要。透過觀察，能有效的防止透過數據分析專案，得到對你來說完全無用的答案。

　　有一個故事說明了這一點，不過故事的真假已不可考證。故事講述一名車主向汽車製造商投訴，稱每當他吃香草冰淇淋時，汽車就不能正常發動。他說，他們一家人每天吃完晚飯後，都會投票決定，要吃什麼口味的冰淇淋，然後再開車去超市買。每當香草口味勝出時，他的車子在回家路上總是無法正常發動，可當其他口味勝出時，就不存在這個問題。

　　此故事引起汽車公司當中一位資深工程師的高度興趣。他來到了這位客戶的家裡，和他的家人共進晚飯，並仔細觀察了客戶投訴的問題。

　　經過連續數日的觀察後，這個謎團終於被解開了。原來，放香草冰淇淋的貨櫃就在商店收銀臺旁邊。也就是說，客戶購買香草冰淇淋的時間要比買其他口味冰淇淋更短。在短暫購物後，車子沒有充分冷卻，所以當客戶發動車子時，發動機受到了蒸氣的影響，無法正常工

作。而由於購買其他口味的冰淇淋需要在商店裡花更長時間，發動機得以充分冷卻，回家時車子就能正常發動。

冰淇淋的故事經常被人們提起。它說明：**有時候只有透過實際觀察，才能解釋一些反常的情況**。例如，當你發現在一天中的某個時間點出現了銷售高峰，這是否意味著客戶的消費習慣很有趣，你可以將這一點作為條件，輸入到客戶細分的預測模型中。又或者這只不過是因為，店員有時會累積現金交易，等到交班或在不忙時才將它們收進收銀機。只有透過仔細觀察，才能了解事實的真相。

我和一家連鎖影院合作過。與其他影院相比，這裡的爆米花和飲料的銷售額低得可憐。相關數據分析人員馬上就會想到，應該建立一個包含當地人口學統計、商場甜品競爭等因素的模型，來分析銷量低迷的原因。

然而，我們在影院大廳門口站著觀察了一個小時後，就取消建立模型的想法。這家影院的格局是長條形的，影院入口位於長條走廊正中間。入口的兩側，是通向放映廳的走廊，一條向左，一條向右。為了給觀眾提供更好的服務，避免他們走錯方向，經理在入口處安排了專人為觀眾引導。這位工作人員會檢查觀眾的電影票，並

微笑著告訴觀眾，第四放映廳應該往哪邊走。自然而然的，觀眾會順著這位工作人員引導的方向前進，而完全忽略在他身後還有販賣爆米花和飲料的櫃檯，更別提去那裡買東西了。

　　仔細觀察和累積實踐經驗，可以讓真正的原因浮出水面，從而節省大量建立複雜模型的時間和成本。

真正的問題出在哪？

　　一家母嬰產品供應商（供應嬰兒車、嬰兒床等商品）在客戶滿意度方面，遇到了一個難題。客戶總是在購買時顯得很開心，但在收到產品之後的回訪中，表現得非常失望，甚至紛紛打算轉向其競爭對手。很顯然，是送貨環節出現了問題。但分析企業物流和倉儲部門的 KPI 後，卻並未發現問題的根本所在。

　　結果，企業繪製了一個端對端的客戶流程圖，進行了數次集體討論，並在不同階段觀察業務，這才搞清楚問題的原因。在銷售過程中，行銷人員向客戶做出不切實際的送貨承諾，導致實際送貨情況與承諾的內容不符。起初以為是送貨環節出問題，經過調查後發現，應該從

銷售部門加強管理，嚴格規範承諾的內容。結果，馬上解決了客戶滿意度的問題。

管理團隊與分析團隊應合作

這正是你和領導團隊以及觀察團隊應該為數據轉型發揮的關鍵作用：想獲得有價值的（給企業帶來利潤的）結果，準確提問至關重要。而在討論如何提問時，盡可能考慮實際業務情況也很重要。

這並非一條單行道。沒有充分考慮實際業務情況就盲目提問，就有可能存在鑽牛角尖的風險。我見過太多的管理團隊，自以為知道問題的答案。例如這樣的問題：為什麼客戶選擇了我們而非競爭對手，或選擇了對手而非我們？理由是他們在這個行業已經工作了多年，所以他們覺得自己心裡明白得很。

當然，有可能事實的確如此。但我也見過許多例子，證明這種自以為是的答案最終並沒有得到數據上的任何支持。因此，由於存在領導力的問題，實踐經驗和定性觀察就變得更加重要，它們不僅可以影響我們選擇進行的數據分析，還可以規避上一章提到的企業領導者，因

恐懼心理而形成的防禦做法。

正如我們在前面提到的，對新事物的防備和恐懼心理，會導致企業故意忽視分析得出的結果。其原因可能是答案太難或壓根不是領導者希望聽到的。同樣的，作為企業的領導者，必須解放思想，才能在對企業數據提出問題和採納分析結果時，保持開明的心態。

要實現這一結果，最佳方式就是**管理團隊與數據分析團隊應緊密合作**。管理團隊至少應大略熟悉數據分析，而數據分析團隊則應對業務的基本知識有一定了解。當數據分析團隊懷疑被問到的問題不正確時，可以向管理團隊提出質疑；而當分析結果未能找到正確原因時，管理團隊也可以不予採納。

這種合作將我們引向了實現數據轉型時必須做出的一個決定，我見過許多企業管理團隊都為此感到萬分糾結。這個決定就是：究竟應該發展企業自身的數據分析能力，還是應該將數據分析業務外包給外部顧問或機構。在下一章，我們會探討這個兩難的抉擇。

⑮ 自力更生還是花錢外包

　　在本章我們會回顧，企業在打造以數據為中心的過程中，面臨的最重要的組織機構安排——**你應該招聘具備新技能的人才進入企業，還是與有資質的外部顧問和諮詢機構合作？**一旦企業有這樣的人才，具備了所需要的技能，又應該安排在企業中的什麼部門？

　　對決定進行數據轉型的企業而言，最大的挑戰莫過於組織問題。我們該如何獲得數據轉型所需的新技能？需要啟動哪些專案來實現這一目標？在專案啟動之初，該如何與具備這些技能的顧問機構（如果有）打交道？

　　這些複雜的問題盤根錯節。在展開關於組織建設和合作模式的討論前，有必要列出三個企業高階主管的決策原則。這些原則幫助許多企業成功做到數據轉型，同時，同樣適用於企業發展數位化和行動平臺。

1. 寧可小步快走，絕不大步慢走

　　綜觀近年來的商業發展，這樣的案例屢見不鮮：企

業根據自己的需求，倉促做出了利用最新網路和通訊技術進軍電商的決策。而實現這一目標最好的辦法，就是啟動一個大型專案。最終，董事會簽署了耗資數百萬英鎊、耗時數年的商業計畫書，旨在徹底改變企業的服務面貌。

可問題是，展開如此之大的專案，對於企業而言本身就是一種巨大的冒險。專案的第一步是蒐集詳細的業務需求。

我曾見過一些企業，光是這一過程就花了一年時間，再加上專案推進過程中出現不可避免的小摩擦，一晃幾年時間過去了。當年利用最新科技的明智決策，最終被日新月異的技術所超越，演變成專案延期交付，費用超出預算，且專案交付時這些技術已經不再先進。

這些事在數位化革新中屢見不鮮，在數據轉型專案中也同樣常見。第一部提過，統一的客戶資料庫是全面了解顧客終身價值的第一步。我認識的一家企業就啟動了這樣一個專案。和大多數初次考慮數據轉型的企業一樣，這家企業的客戶數據散落在不同的系統中，須先將這些數據整合在一起，才能建立這些令人興奮的模型，進而了解顧客終身價值的真實情況。

當他們找到我時，這個專案其進度不僅已經延遲，而且還超支了。管理團隊不明白其中的原因。透過仔細調查，原來專案組大動干戈的將所有可能的數據都算了進去，包括細碎的，坦白講毫無價值的資料庫，甚至還包括目前不存在的潛在數據來源。由於範圍如此之寬廣，想要在預算之內按時完成，才會變得如此難。

在仔細審核專案後發現，大量重要的客戶財務數據都集中在兩到三個資料庫中。如果只將這些資料庫整合在一起，不僅花的時間更短，而且也能為企業提供所需要的巨大分析價值。有時小步快走的效果才是最好的。

2. 掃清語言障礙至關重要

許多大型數據專案被外包給遠在國外的團隊負責完成。由於雙方在語言溝通上存在障礙，導致專案的執行方式不可避免的與要求不符，這種情況十分常見。在此，我想談的是語言統一的重要性。所有參與數據轉型專案的團隊，都應該使用兩套統一的語言：一套是數據語言，另一套是業務語言。

正如上一章所提及的，成功的專案都有必不可少的基本要素，那就是企業的管理團隊和數據分析專家合作

解決業務問題。

反過來說這又意味著，管理團隊必須夠了解數據分析，才知道該提什麼問題、得到的答案可能存在哪些局限、須針對分析結果採取哪些措施等；數據分析專家也須了解企業的經營動態和價值驅動因素，以便將錯誤的提問調整為正確的提問，而不是刻板的提供統計學上正確，但對企業沒有實際意義的模型分析結果。

也就是說，在招聘數據分析專家的問題上，無論你決定招聘個人還是與外部機構合作，成功的一個關鍵因素都在於，**數據專家須對企業業務足夠了解，才有可能實現目標。**你的管理團隊和外部團隊需要相互了解、相互尊重，理解相同的術語，並使用像 PPDAC 這樣的分析方法，在不斷的適應與磨合中執行專案。

關於使用統一的語言進行溝通這個問題，也可以理解為，這代表了一個以數據為中心的企業的情商（EQ）。這和在日常生活中的情形一樣，智商（IQ）代表著純粹的分析推理能力，而情商則代表著我們與他人進行情感交流的能力。這與數據分析團隊和企業其他部門之間的關係是十分相似的。

在上述關係中，數據交換、課題簡報、模型建立和

結果產出均屬於智商範疇；領導團隊和數據分析專家之間，不那麼冰冷而是具有人情味的溝通，則屬於情商範疇。正因如此，數據專家才能站在企業的角度，透過數據分析為企業帶來價值。

若管理團隊被告知，有一份重要的業務數據結果，而且必須對它完全信任，這種強勢不帶幫助的要求勢必會讓人感到不滿。因此，只有數據分析專家解釋清楚了數據模型的工作原理，且分析結果與對業務情況的一般觀察相符時，才能讓終端使用者感到滿意。

能深入淺出的解讀數據分析結果是一種重要的能力，這種能力並不局限於企業的管理團隊。有一家電信公司的數據團隊打造了一款即時決策引擎（real-time decisioning engine），旨在提示客服人員向客戶推薦由複雜模型測算出的額外產品。該模型運行正常，但問題在於，由於客服不清楚模型測算為什麼要向客戶推薦這些額外產品，造成該電信公司的客服人員在很大程度上並不認可測算的結果，進而選擇放棄推薦。

在吸取了這次失敗的教訓後，該數據團隊又去了另一家企業。他們設計了另一款更簡單、更容易理解的推薦引擎，並投入了大量時間，確保公司上到執行長，下

到普通員工，人人都了解並理解這個推薦引擎。

所以說，不論數據團隊使用什麼樣的模型來向企業提建議，都必須保證企業的相關員工能充分了解模型的用途，並能理解且正確解讀模型的分析結果。

3. 你無法在一開始，確定數據專案能為你帶來多少價值

如果你早就知道了數據模型的分析結果，那麼很顯然的，你就沒有必要建立模型了。在現實世界中，想將企業數據轉化為價值，須不斷試錯，調整失敗的模型，反覆研究，直到找到能為企業帶來最大價值的銷售模型、呆帳預防手段及庫存管理流程為止。

如果到現在你才剛剛明白這個顯而易見的道理，那麼，你該好好檢討一下，在你的企業中，是否缺乏這種發現和擁抱失敗經驗的精神。下一章我們會探討，要成為一個「在摸索中不斷學習」的企業，需要滿足哪些條件，並探討為了真正激發創新能力，企業需要改進之處究竟多到怎麼樣令人驚訝的程度。

事實上，對於許多企業而言，在推進數據轉型的過程中，幾乎每個職能部門都有需要改進的地方，比如他們實踐很長時間，且早就習以為常的業務流程。

所以，記住這三條原則後，讓我們言歸正傳。作為企業高階主管，現在的你一定深受其擾。高層面對的第一個問題：如果要加強企業的數據分析能力，應該招聘具備這些技能的人才，還是直接與相關專業機構合作？

當然，考慮到企業的起點以及能獲得的資源，不同的企業會得到不同的答案。此外，值得注意的是，這個問題的答案不是非黑即白。對於高層來說，也可以招聘幾個資深數據管理人才，並透過與專業機構合作，來增強企業的數據分析實力。

隨著時間的推移，這個問題的答案還會不斷變化。隨著企業的數據流程和業務分析能力不斷發展，你當初為了快速啟動、搶占先機而做出的決策，有可能會改變。

儘管如此，想著手行動，你作為企業高層還是必須做出真正的決定。就讓我們來權衡一下自力更生和花錢外包的利與弊。

自力更生的決定：直接招聘

直接招聘，之後組建自己的數據分析團隊具備以下顯著優勢。

‧理論上，你可以建立一個真正了解企業核心業務的數據團隊，避免出現前文提到的數據分析結果完全正確，但對企業毫無價值的問題。

‧擁有了自己的數據團隊，就可以集中開發你需要的分析技能，而不須花錢從外包夥伴那裡，打包購買其他用不到的數據分析技術。

‧儘管資深數據人才很稀缺，聘請成本也很高，但自己直接組建數據團隊，應該比支付費用給外包團隊來得划算。

‧在打造一種創新和探索的企業文化，並慶祝從中所獲得的成績和商業回報時，企業會自然而然的形成一個團結的整體。不論數據分析團隊所從事的工作多麼客觀和理性，他們依然是人，依然會因為看到企業的蓬勃發展而充滿動力。自己的團隊總是充滿幹勁和動力，這是外部團隊所難以企及的，因為外部合夥人的工資不由你發，他們的忠誠度也不展現在你這裡。

不過，組建自己的數據分析團隊也存在下列弊端。

‧想掌握數據分析技能是很困難的。因此，許多企

業在招聘數據分析專家時，進展都不太順利，時間也拖得很長。根據你的企業所處的行業、企業的品牌甚至地理位置，對於求職的數據專家而言，你的企業可能具備吸引力，也可能沒有吸引力。

• 當你的企業還剛起步時，招聘數據分析專家和其他分析師的難度很大。對於想出名的數據分析專家而言，他們更傾向於加入一家已成規模的大公司，做自己感興趣的數據工作；而不是加入一家新公司，一切從零開始，因為對他們來說，這樣做未免太冒險了。雖然，他們最終可能為公司的華麗轉型立下頭功，但也有可能受困於前文提到的「孤島」，最終一事無成。

• 當你為企業招聘自己的數據分析團隊時，還存在一些現實問題，比如，你真的清楚企業需要哪些技能嗎？企業是否有能力區分哪些人是真正的優秀人才，而哪些人只是徒有其表。

花錢外包的決定：外部合作

同樣的，在建立企業數據分析能力時尋求外部合作，也擁有下列優勢。

・企業可以快速啟動數據專案，數據分析團隊只須一天即可全部到位。

・找到了合適的合作夥伴，企業就可以與優秀的專家一起展開專案。後者訓練有素，有在其他企業展開類似專案的豐富經驗。這一點對企業非常有幫助。

・企業可以只在需要的時候和他們合作，並根據需要調整合作力度，從而實現成本效益。

但外部合作，同樣也存在著下列弊端。

・根據我的經驗，外包的費用通常會更貴，而不會更便宜。總有人需要為這些專家買單。

・如果企業打算外包，就必須重點關注負責與外包機構聯絡的員工。講得更直白一點，就是關注員工是否清楚應該要求外包機構做什麼。如果企業既不清楚自己需要什麼，也沒有能力判斷得到的服務是好還是不好，那麼外包就不是一個好主意，而且還有可能變成企業的大問題。我見過不只一家企業高階主管堅持找某家機構做外包，因為企業高階主管曾在某次會議上或在某雜誌上看到過這家機構。這種做法顯然有些草率。

・根據外包機構的性質及其更廣泛的商業模式，作為企業高層，你是否能判斷，他們對你企業的數據分析是否存在偏差？如果你聘請的是單純的數據分析企業，那應該沒有問題。但假如你聘請了廣告公司的數據分析團隊，而後者給你的建議大多是應做更多廣告，你又會有何感受？所以有時候有很多企業都沒有去真正實施有用的建議，因為這些建議來源的動機實在讓人懷疑。

所以，在分析完上述利弊之後，結論是什麼？我已經說過了，不同企業的情況完全不同，因此，問題的答案並非只有一種。我會傾向於給出下列建議。

1. 你需要一位對數據和數據分析相當了解的資深數據主管，協助管理團隊做出正確選擇，不論你的企業是要自力更生，還是要外包合作，這位主管都須存在。

2. 在擁有了數據主管後，企業已經具備購買數據分析服務的能力，不妨透過與外部機構的合作，快速啟動數據專案。如果你選擇這樣做，我會給你以下建議。

・選擇專業的數據分析機構，而不要從你喜歡的廣

告公司、財務公司或管理顧問機構中物色數據團隊。

　　・找一個離你辦公室近的人，而不要找那些離你很遠的人。

　　・將他們安排在你的辦公室裡工作，和其他公司員工坐在一起，而不要遠端辦公。

　　・隨著工作逐步走上正軌，招聘自己的數據分析人員就不難了。你可以逐漸發展、建立起自己的數據分析專家隊伍，從外包服務逐步轉向自力更生。

　　當然，你們企業的情況可能會和我介紹的有所不同，我的建議未必適用於所有的企業。也許，你喜歡的會計師事務所擁有非常棒的數據分析團隊，能真正的幫到你的企業。無論你做出什麼決定，請先充分衡量其中的利弊，並參考前文中列出的企業高階主管決策原則。

組織安排問題

　　在前文中，我提到了在向以數據為中心轉型的過程中，可能會困擾你的兩個組織機構問題之一，也就是自力更生和花錢外包之間的兩難選擇。而這第二個問題，

當然就是應該將數據分析團隊安排在你們企業的哪個部門了。

關於應該將數據分析團隊安排在哪個部門的問題，我曾參加過不計其數的討論：

・鑒於很多數據模型都與客戶有關，應該安排數據分析團隊和行銷部一起工作嗎？

・應該安排他們和財務部一起工作嗎？數據分析工作也是和數字打交道，而且企業的分析師也在財務部。

・鑒於數據分析如此重要，是否應該單獨為其設立一個部門？

・又或者，是否應該安排數據分析團隊和技術部一起工作？因為數據分析也是技術的一個新領域，只不過以前企業沒有招聘過這方面的人才而已。

我敢肯定，每一種可能的答案都被實踐過了。有的企業還曾將數據團隊安排在人力資源部門，甚至安排在倉庫裡工作。事實上，我曾合作過的一家企業，將最資深、最優秀的分析師全部安排在物業部門，負責分析租賃條款。

　　當然，在數據轉型的過程中，如何在企業的組織結構中安排數據團隊，只是整個企業構架中的一個小問題。零售和消費企業所採用的組織模式和責任制度，更是多得讓人眼花撩亂。線上和實體零售管道是應該放在一起還是分開設置？應該由誰來決定最終價格和促銷策略？採購部還是行銷部？如果企業有物流或生產業務，它們又應該被安排到企業團隊中的哪個部門？

　　要正確回答這些組織機構問題，需要企業具體分析，而且往往要看企業各部門的優勢和劣勢而定。在組織機構問題上，並沒有一個放之四海而皆準的模式。

　　而你們企業在數據分析方面所做的投資，也是同樣的道理。我們在本章列舉的安排數據團隊的所有方式，無論是顯而易見的，還是與眾不同的，都已經在某些企業中被實踐過，也都曾被證明是有效的。當然，失敗的情況也是有的。但數據轉型的成功與失敗，並不取決於數據分析團隊被安排在企業的哪個部門。

以數據為中心企業的四項組織設計原則

　　當你為數據分析團隊安排合適的位置時，應該將下

列四項組織設計原則牢記於心。

・**數據分析是跨職能專案，對企業各個部門都有益。**因此，你建立的**數據分析團隊**和你安排的**數據分析主管**，必須具備能和企業其他部門打交道的素質，這一點至關重要。如果你的數據分析團隊被安排在某個部門之中，而這個部門的負責人認為「這是我的事，而不是別人的事」，並試圖將數據分析團隊孤立起來，那專案一定會失敗。整個數據分析團隊及其支持者都需要做好準備，敢於將他們的想法和分析結論公正的提供給整家企業。

・**反過來說，這又是對個性和意志的鍛鍊。**數據分析的部門主管及其支持者必須有決心、有技巧，能讓企業其他部門看到數據分析帶來的好處（正如我們所見，他們可能會因為變革而感到自己受到了威脅或挑戰），並主動加入數據專案。

・打造以數據為中心的企業還意味著，為數據分析部門在企業裡安排合適的主導角色。如果給團隊安排的位置太低，就會喪失與其他部門主管和同事接觸的機會。想完成**數據轉型**，首先就需要企業打造全新的企業文化，

而如果數據分析團隊地位太低，會使一切變得困難。

　　‧ 正如我們看到的，在企業的高階主管中，負責數據分析的主管必須真的懂數據。他們將為外部機構和技術提供商簽署大額支票，因此你必須關注，他們是否理解需要購買的是什麼。但這並不代表著數據主管需要負責具體的數據分析工作，必須具備成為一名分析師的素質。數據主管完全可以由市場總監、採購主管或財務總監兼任。但他們必須精通數字，善於分析，並對數據分析能帶給企業的價值保持好奇心。

　　牢記這四項原則，再看看企業裡的高階主管團隊和數據主管，你心中應該已經有了選擇。接下來，我將透過兩個案例，進一步闡述我的觀點。

為何數據轉型效果欠佳？

　　一家零售企業認為，其在資料庫和數據分析技術方面投入了很多，卻並未獲得多大的回報。經過調查，該企業的數據分析團隊被安排在客戶長（Chief Customer Officer，簡稱 CCO）的部門中，該主管同時還該負責行

銷部和線上銷售團隊的管理工作。此外，企業中真正掌權的業務部門還包括採購部和財務部。

那麼在這家企業中為什麼數據轉型的效果會欠佳？因為這樣的組織結構最終會帶來一場「完美」的風暴，它完全違背了上面列出的四項原則。

客戶長對數據分析團隊並不滿意，而且與技術長相比，前者根本不懂數據分析，這在一定程度上造成了工作關係的緊張。而且，客戶長也並非企業的重要角色，導致採購部和財務部基本上完全忽略了數據分析團隊的訴求，只是將其作為一個標準報告的來源而已。而透過數據分析給各個部門帶來根本轉變的艱巨任務，則根本無人問津。因此，數據分析團隊化身為企業的初級分析師，處理繁雜的報表任務，連坐在他們旁邊的行銷團隊，都很少在工作中用到客戶數據。

還有一家多據點公司也做出了類似的組織機構安排，但在數據分析方面取得了不小的成就，這是為什麼？同樣的，這家公司的客戶長也負責數據分析工作，但是他的職位很高，是與財務長（Chief Financial Officer，簡稱 CFO）平起平坐的董事會成員，足以對該多據點公司其他部門和領域產生影響。

　　整個高階主管團隊對數據工作的重要性達成了共識。因此，從執行長到其他董事，一直都在關注和支持這個重要的數據專案。

　　初期取得的成就在公司裡很快就傳開了。結果，公司的每個部門都希望透過數據分析找到更好的工作方式。最終，數據分析專案的管理工作由客戶長團隊中一位外聘高階主管負責，他不僅精通數據知識，而且對公司其他部門的團隊也能產生很大的影響力。同時具備這兩種重要素質的數據主管實屬非常難得。

　　正如案例所示，將數據分析工作安排在業務職能部門，有可能成功，也有可能失敗。這取決於我們提到的一些與人有關的原則。如果將數據分析工作安排在財務部等其他地方，情況也是一樣的。在你的企業中，數據分析工作應該安排在有高階主管的部門，且位置是否合適，還與你所安排的專案負責人個性、影響力和個人興趣息息相關。

　　最後，我們也應了解，以數據為中心企業的四項組織設計原則，也適用於客戶研究和業務觀察工作。而且，數據分析工作在企業的最好歸宿，往往就在觀察團隊。事實上，許多以數據為中心的成功企業都設置了單獨的

數據分析和觀察部門，因為許多數據分析專案的成功，
都依賴於對客戶重要消費行為的觀察。

截至目前為止，第三部探討了在打造以數據為中心
企業的過程中，克服領導力障礙的重要性，以及主管對
於新事物產生的恐懼、由此產生的生存挑戰。

我們闡述了 PPDAC 分析方法，並強調了在進行端
對端數據分析時，企業不應該只滿足於提出問題、等待
答案，而應該真正的參與到分析過程當中。我們還討論
了正確進行組織機構設置的幾個原則。

現在，還有最後一個問題沒有討論。它決定企業數
據轉型的成敗，那就是企業是否能很好的應對變革。變
革是好的數據分析專案帶來的必然結果。讓我們來看看，
要使你的企業真正變成一家勇於變革的企業，都需要做
些什麼。

(16) 想改變，
得犧牲一些賺錢的門道

　　本章會談一個與「如何將數據分析融入企業業務」同等重要的問題，那就是：企業如何接受數據分析結果，並改變業務方針？

　　打造一家以數據為中心的企業，說到底，屬於一項變革管理專案（change management project）。正如我們已經探討過的，它是一個極具挑戰性的專案。它不僅需要新的技能和技術，還意味著要向整家企業的身分和技能發出挑戰，而且分析結果，有可能會要求你調整各業務部門長期使用的業務流程。

　　這個工作量已不能用巨大來形容，所以如果一個企業成功的完成了數據轉型，那真的可以稱為奇蹟。

　　很多企業都做不到這一點。正如前文中提到的，新興的電商企業之所以能在競爭中脫穎而出，甚至打敗老牌企業，很關鍵的一點在於其客戶數據是內建的。因此，這些電商企業更便於分析客戶數據，不斷優化操作流程。

老牌企業儘管資金實力更強、資源更多，卻很難做到這一點。

如果我們不想經歷這些老牌消費巨頭的悲慘命運，就必須改變企業。儘管向以數據為中心轉型是一項複雜和困難的工程，但我們必須成功，而且越快越好。

為了做到這一點，必須搞清楚為什麼在企業推行改革如此難，為什麼創新過程總是會遭遇失敗。作為企業的領導團隊，想實現企業的創新、發展和變革，就必須注意以下提到的內容，都關係到企業數據轉型的成敗。

在摸索中不斷學習

沒人知道企業蒐集到的數據能釋放多少價值，但希望是你早點發現其中的蛛絲馬跡。透過大量嘗試新專案，可使你從新專案中「發掘到黃金」的機率最大化，這意味著企業應該勇於嘗試，放棄那些行之無效的專案，並將成功經驗作為企業常態化發展的標準做法。這種做法，就是我們稱為「在摸索中不斷學習」（test and learn）的發展方法。

不過，「說起來容易做起來難」。

　　很顯然，發展「在摸索中不斷學習」的企業，對技術有一定要求。你可能須將新業務以模組的形式，附加到企業的業務系統中，不需要時再脫離。然而，大企業在尋求創新時，常會抱怨他們的 IT 系統太脆弱，既老舊又缺乏過去紀錄，無法滿足這種開發方式。

　　如果你也常聽到這種話，那麼你企業的技術也可能成為發展障礙：客戶數據有可能難以整合成統一的客戶資料庫，模型分析的結果也未必值得採納。好的預測模型可能會提出改變庫存分配方式，或改進客戶行銷策略的建議，這些建議都能為企業帶來價值。可如果這些建議被冷眼相待，或者動輒需要大筆資金和半年的開發週期，那麼數據轉型只會成為一個遙不可及的夢。

　　因此改進技術基礎設施，很可能成為你的企業進行數據轉型以及其他必要業務變革的重要推動器。這種改進並非是朝著「適應未來」的方向發展，因為你並不清楚未來的具體情況。其改進方向應該是增強系統模組的靈活性，為不斷的摸索和嘗試提供技術上的支援。

　　不過，發展「在摸索中不斷學習」的企業，還有著其他眾多要求。例如，關於測試專案的財務分析方式是不同的。如果有人在企業財務會議或在資本支出的過程

中，提出關於「能否保證這個專案會得到回報」的問題，那麼答案當然是「不能」。因為根據定義，摸索的意思就是嘗試，你並不知道結果是什麼。

關於更適合測試專案的財務管理方法，是類似風險投資人會採取的做法，那就是與其問「這個專案是否會得到回報」，倒不如問「要花多少錢，才能搞清楚這個專案是否會得到回報」。

擁有長期和短期規畫

而從資本利用到風險資本的模式轉變，同樣涉及企業的策略規畫方案，因為會影響到長期規畫的整體效果。

作為企業的高階主管，如果你不知道哪種嘗試能成功，那你又如何能為明年制定一個可行的業務發展規畫？更別提三年或五年規畫了。

而有趣的是，這更要求你所制定的策略規畫更富策略性。它不應該是一堆資金的使用計畫，每一種都預測著某種現實中你無法清楚知道的市場影響和回報。你的規畫目標應該是指出企業希望發展的方向。

例如，如果你數據分析的目標是讓企業變得比競爭

對手更具成本效益，那麼，這個目標就成了規畫時的「北極星」。另外，如果規畫的目標，將企業置於可衡量，並能因此而採取行動的位置，比如顧客終身價值，那麼這也將成為你所希望的數據轉型方向。

以這種形式表達的策略變成了濾鏡，可用來過濾所有嘗試和需要學習的專案。如果你的每一次嘗試不僅成功，還帶領企業走上你希望的發展方向，那麼長此以往，你的企業必將走上正確的成功道路。

你看重什麼，就得到什麼

而這個過濾的過程，本身就會給你的企業帶來許多改變。想一想你所衡量的東西，以及你如何利用這些衡量標準來追究員工的責任。我們經常會看到，在目前的全通路（omni-channel，整合線上與線下通路的模式）經營環境中，過去的實體店鋪衡量標準已經不再適用，就連面對同店同類收入增長這樣的基本衡量標準，也需要三思而後行。因為企業的銷售額中，有很大一部分是在網路上完成。

例如，我曾與一家超市集團合作，這家店鋪的網上

銷售額不包含在店鋪的營收中，店鋪從網上銷售中獲得的利潤回報，也在經營利潤中被扣除。由於這種 KPI 設置上的簡單錯誤，導致店鋪眼睜睜看著自己的功勞，被與他們毫無關係的規則所抹殺，而店鋪銷售團隊的積極性也受到影響。

在推進數據轉型的過程中，許多 KPI 標準都應該做出調整。在專案剛剛啟動時，調整 KPI 可能是為了保障數據真實性和數據蒐集工作。在本書第二部提過，如果你打算在收銀臺蒐集客戶的電子郵件地址，那麼這將不可避免的成為一項 KPI 指標，並衡量和報告各家分店的情況。但 KPI 上的指標不宜過多，否則反而可能會一無所獲。因此，當你提升了新 KPI 的重要性時，也應該放棄一些指標。

如果你希望透過數據分析專案，嘗試一系列新的想法，那麼，你須重新設置 KPI。你需要衡量正確的內容，以判斷你的專案是否有效。如果你認為一個新的庫存分配流程，可以減少滯銷產品的庫存量，就需要找到一個衡量標準，以確認專案是否達到了這一效果，而不是另外建立一個新模型，繼續分析得到的數據。

數據讓你得以專注於更加富有策略價值的長期規畫

目標，例如顧客終身價值。即便是擁有眾多會員並展開大量分析工作的零售商也不例外。他們經常在策略報告中提到顧客終身價值，但依然會每週一坐在一起開會，討論每週的業績報告。

這些報告首先單獨列出了實體店和線上銷售額，而後是分類產品的銷售額，但並沒有包含最具價值客戶在上週的表現。這很正常，也可以理解，因為這就是大多數報告中數據的呈現方式。但如果他們的報告首先以客戶為基礎，事後考慮銷售管道的劃分，那麼對推動企業發展將更有價值。

如果企業從舊的 KPI 體系過渡到新的，需要一段時間，那麼，你的管理團隊還將面臨一個額外的挑戰，那就是如何在業務發生變化的同時，解讀發生改變的 KPI 指標。

例如，一家大型零售商有長期穩定的客戶群，大型零售商可以透過會員卡追蹤這些客戶的消費情況。後來，零售商邁出了合理的下一步，開始為客戶提供網購送貨服務。於是，KPI 指標中出現了一些有趣的情況。數據顯示，新推出的網購業務發展迅猛，但客戶流失嚴重。

當然，對於任何有推廣線上購物經驗的人而言，這

一現象根本不足為奇。作為零售商大力推廣的新服務，很多顧客必定都會去嘗試。大部分客戶會習慣使用新服務，成為固定客戶，而也會有一部分人覺得，新服務不適合他們，於是不再使用。正因如此，在新業務的初期發展階段，你往往會看到較高的流失率，這幾乎是不可避免的。

我們已經探討過，關於送貨上門服務，真正應該提問的是，它是否增加了使用該項服務的顧客終身價值，因為這些客戶可能也在實體店裡消費過。但由於服務太新，數據也不夠全面，想得出這個問題的答案，須要求領導團隊嚴格自律，正確解讀不同銷售管道的 KPI 數據。在現實的團隊中，有大部分領導者認為，新的網購業務不僅利潤率低，還存在客戶流失問題。這種觀點從數字上看沒錯，但今天的我們都親眼見證了，這種說法並不正確。

改革落地比我們想像得更難

有一家消費企業擁有合理的數據流程、有效的會員卡計畫。他們認為在下一季度中最好的行銷策略是：在

向關注某個話題的客戶進行電話推銷時，透過交叉銷售
（cross-selling，向客戶銷售互補性產品）提高客戶的消
費機率。該做的模型分析都已完成，結果顯示，對許多
客戶而言，這理應帶來下一次購物，並將對顧客終身價
值產生巨大的影響。

幾週後，負責會員 KPI 的主管很想知道，為什麼行
銷的結果如此之差。客服中心的電話推銷轉換率嚴重低
於預期。

他去客服中心進行實地調查，發現了兩個重要問題。
第一個問題，交叉銷售的介面是客戶需要點擊的第七個
介面，而他們往往沒有時間點擊這麼多次，或直接喪失
了繼續點擊的意願。由於設計不夠合理，導致客戶的行
銷轉換率沒有達到應有的水準。

第二個問題和技術的關係不大，卻更致命 —— 實施
交叉銷售行銷方案的同時，這家企業在另一個部門推出
新品促銷計畫。而該部門為客戶中心的客服提供獎金，
獎勵他們推銷這款新產品。可想而知，新產品占據了客
服的全部注意力。

這種令人懊惱的技術問題和促銷安排，可以讓最簡
單的業務變革都無法進行。假如董事會決定的一項變革

沒有達到預期效果，那麼其根本原因有可能非常簡單。

而針對數據分析專案，改革難以落地還有另一層問題。通常情況下，建立一個新資料庫或分析業務數據，都須到最後階段才可能產生價值。這會讓人覺得，做了許多工作，卻只帶來了一點點回報。這就好比玩拼圖，只有拼好最後幾塊，才能展現出拼圖的真正價值。

第三部第十三章的案例恰好說明了這一點。由於一個關鍵資料庫（會員卡資料庫）因為預算和時間等原因被排除在外，使所有投入在整合不同資料庫的客戶數據上的資金、時間和精力都失去了意義。而整合部分客戶數據，遠遠沒有整合全部客戶數據更有價值。也就是說，整個專案的投資都被浪費掉了。

因此，希望改革專案順利落地，需要管理者準確預判實際執行過程中可能出現的障礙。同時，還需要管理者關注任務的完成情況，確保專案最關鍵的收尾階段順利實施。

人的問題

所有關於在摸索中學習的發展和創新，都和企業的

人員、文化和價值觀息息相關。畢竟，那些因沒有參加
失敗專案而暗自竊喜的管理團隊，也不可能樂於嘗試新
鮮事物。

　　根據我的經驗，能在日新月異的環境中取得成功的
領導團隊，都是那些注重企業文化對改革影響的團隊。
也就是說，企業改革的嘗試成功也好，失敗也罷，都值
得慶祝。這意味著，企業應積極培養一種勇於求新的文
化，而不是守著一個建議箱無所事事。

　　正如本書中提到的，企業在向以數據為中心轉型時，
特別容易刺激到管理團隊中的保守派，因為變革所挑戰
的恰恰是我們管理團隊的能力和經驗。

　　我在這句話當中提到了「我們」，是有用意的。
如果你和你的領導團隊在白板上做一個腦力激盪練習
（brainstorming），討論哪些因素可能阻止你的企業轉型
以數據為中心，那麼我敢肯定，對變革的抵觸必定會在
其中。

　　但你也須接受，在一個團隊中，這樣的抵觸情緒不
只是你會觀察到的，也可能是你自身就會表現出來的。
因此在領導團隊中打造包容的氛圍，讓大家都能接受在
發現他人身上有這種情緒時，可以開誠布公的指出來，

然後相互幫助，這也是企業轉型的基本要素。

傾聽客戶心聲的能力

　　懼怕改變的管理團隊，都有一個重要特徵：防禦，尤其是當你提出傾聽客戶的心聲時，這一點表現得尤為明顯。但傾聽客戶心聲是實現數據轉型的必經之路。

　　不論是在焦點團體訪談中，還是其他與客戶互動的會議中，和客戶坐在一起談心，往往會帶來複雜的體驗。因為，這種接觸未必能為企業帶來新穎的好點子。一群客戶突然提出了你們從未想到過的創意，這種機率實在比較低。同樣的，許多關於產品的回訪溝通，最後都歸結到了更優惠的價格上，這幾乎是所有回訪工作結束後的默認反應。

　　但焦點團體訪談的好處在於，找出客戶對企業的不滿之處。客戶總會毫不留情的說出他們的不滿，也正是這一點，為數據分析提供了條件。

　　在這種情況下，也許你的每一根神經都想為自己辯護。在許多企業組織的客戶互動環節，我都看到了這一幕。有人會說：「有些情況你還不太了解……。」接著

開始向客戶解釋，他們為什麼不應該因此而指責企業，
不論他們指責的內容是什麼。

　　但你需要知道，這種交流不僅是徒勞的，而且還會
錯過絕好的機會。因為客戶所抱怨的痛點，恰恰是你的
競爭對手試圖解決的問題。新創企業每一次擊敗老牌企
業，都是因為新創企業及時提供了客戶需要的東西。

　　我們在前文中提到，想有效推進數據分析專案，就
必須先提出正確的問題，這一步至關重要。我們還研究
了透過回顧企業各部門情況和數據來源，提出正確問題
的雙向過程。透過聆聽客戶心聲，了解對企業中各流程
的看法，我們找到了提出問題的第三種途徑：傾聽客戶
不滿意之處，並將這些問題作為改革的靈感。

能否為了明天的利潤，犧牲今天的利潤？

　　如果說，老牌企業為了與新興電商競爭而推行數據
改革，卻不可避免的影響了企業當前的利潤，這恐怕是
誰都難以接受的。可是，這種情況持續出現。實際上很
多時候，正是因為老牌企業不願意犧牲這部分利潤，才
讓企業在電商新貴面前岌岌可危。

試想這樣的一個場景，數據顯示，你從某一個特定的細分客戶群身上賺到了很多錢，而這群客戶使用了信用卡等融資管道來支付，也就是說，你賺到的很多錢其實是這些客戶透支來的，而事實上，他們難以支付每個月的還款。在明白了這些利潤的來源後，你還認為這樣的利潤是可持續的嗎？

如果在你的市場中，有新進者能識別這些客戶，透過為其提供更寬鬆的還款條件，解決他們的痛點。你會坐以待斃，任由競爭對手搶走有利可圖的客戶（他們會透過解決客戶痛點來贏得客戶的忠誠度），還是採取行動，使你與這些客戶的長期關係發揮最大價值？

這說起來容易，做起來難。對於一個企業而言，為了明天的利潤而犧牲今天的利潤，真的很難做到。一位電信公司的高層主管常說，正因為客戶不了解如何善用他們所購買的方案，產生了額外的數據和漫遊費，才讓公司業務有了一個巨大的利潤來源。當然，在此後的幾年中，行業競爭和監管行動幾乎壓縮了所有這些利潤來源，對公司收益變動的影響可想而知。

在另一個案例中，一家大型零售商精心打造了一個自有品牌的網購送貨服務。該零售商指出，希望能確保

端對端購物的統一優質服務，包括配送水準以及貨車和司機所代表的品牌形象。企業中的一個團隊觀察到了諸如戶戶送（Deliveroo）這種外包零工經濟的興起，便決定調查一下，如果企業使用外包快遞服務，結果會怎麼樣。畢竟，如果替代方案的經濟效益更好，客戶體驗也不會明顯變差，那競爭對手應該都會選擇這樣做，難道不是嗎？

可以預見的是，這個團隊在研究替代方案的過程中，遇到了重重阻礙。他們被質問，為什麼要試圖與企業現有的送貨業務競爭，結果導致調查進展緩慢。

當然，隨著社會和政府對零工經濟的普遍抵制，案例中的零售商很可能會堅持使用自有品牌的送貨服務。但是，他們選擇這樣做的原因顯然是錯誤的，因為他們只是不希望自己人和自己人競爭而已。

數據分析不只是分析師的事

想成為以數據為中心的企業，釋放擁抱改革和創新的意願是至關重要的一環。做不到這一點，最多只能建立一個有趣的業務數據觀察來源，僅此而已。而只有在

觀察的基礎上不斷嘗試，然後將最成功的嘗試經驗作為企業的新標準，才能釋放出數據中的價值。

事實證明，在妨礙企業創新的障礙中，許多都是人為的。有的人在新術語、新技術面前感受到了被淘汰的恐懼，因此拒絕聆聽客戶的回饋，還以「客戶不了解實際情況」為藉口。其實，這正是企業的管理團隊和作為領導者的我們，自己所面臨的心理考驗。

至於解決方案，當然需要企業領導團隊對改革的必要性和阻力達成共識，這一點無一例外。只有當領導團隊內部對變革的說法達成一致，不懼怕變革給彼此帶來的挑戰，才有可能帶領企業成功轉型。

而在這一過程中，我們還要認真思考，在創新和變革過程中所設置的結構性障礙。我們討論過財務評估流程和 KPI 報告如何成為變革的障礙，而其他業務部門也會如此。人力資源部門的績效評估，是否獎勵了那些樂於嘗試和學習新事物的人？還是只獎勵了那些做出成績的人，結果形成了一種沒人願意嘗試任何新事物，或冒任何風險的企業文化？

在本書第三部，我們探討為了將數據分析融入企業核心業務，企業可以採取的一系列行動。從聘請專家或

顧問，到組織機構的建設，以及提倡變革和創新的企業文化，每一步都在為將數據分析轉化為企業價值提供幫助，將數據打造為你與新老對手競爭的真正資本。

事實證明，數據分析並不只是分析師的事。

結語
對變革的恐懼，從數據裡找答案

　　數據分析是商業競爭中差距最為懸殊的領域之一。新興的電商企業通常是由數據專家創辦。在建立時，客戶數據就已經被整合進企業的系統中。隨著對客戶數據和經營數據的反覆分析，這些企業的經營能力得以不斷的改進、提高，以尋求降低成本和提高利潤的機會。

　　這些新興企業透過定期的測試和實驗，產生了更多數據。例如，他們向不同客戶展示略有差別的網頁，以觀察哪些網頁產生的點擊量最多。善於做數據分析的企業，每個部門都在不斷接受挑戰，以找到更好、更有效的方法，形成新的業務標準。

　　在不斷改進的過程中，這些企業也會透過數據分析，提出更宏觀的問題。例如，應該推出哪些新產品和新服務，或在相關行業尋找新客戶的痛點，並在能獲利的情況下解決。這些企業中的數據團隊處於各部門的核心地位，有充足的資金，能建立更新、更好的數據模型，並

自主決定研發專案。這些企業才是那些有著大好前途的
數據領導人才，真正願意工作的地方。

在這些企業中，就連其他團隊也很習慣於由數據驅
動變革。隨著業務不斷發展，就連最傳統的經營團隊也
為自己理解數據分析而感到驕傲；現代化的核心 IT 系統
從設計之初就允許進行業務測試和實驗，只為促進企業
不斷變革。

因此也難怪老牌企業的管理者中，會有人覺得這很
可怕。與這些新創企業相比，與之競爭的老牌企業則是
天壤之別。老牌企業受制於缺乏靈活度的舊 IT 系統，中
高階主管對於數據一無所知，在出售商品時沒有留下客
戶任何資訊，手中掌握的客戶數據少到無法做任何分析。

他們對於資料庫和相關技術的投資緩慢，而且很難
將客戶數據整合到核心業務系統。儘管他們也聘用了一、
兩名數據分析師，但這些數據分析師很快就陷入了撰寫
日常報告的工作中。

這些企業的核心管理層，依然按照以往的方式做關
鍵決策，比如是否開設新店、採購和銷售哪些產品、如
何定價、何時做促銷等。除了參考一些試算表，管理團
隊基本上都是透過本能和過去工作的慣例做決策。所以

這些企業只能算是發展型企業，而不是變革型企業。

　　而如今，面對數據革命和積極挑戰的新興企業，這些老牌企業正在被快速擊敗。

　　如果你也聽到過這種令人擔心的說法，那麼我希望，這本書能為你的企業提供另一種不同的願景。因為現實的情況是，結局不一定是失敗。全世界有許多大型消費企業都進行數據轉型，而且都成功了。事實上，有許多率先推出客戶忠誠計畫、大規模個性化溝通，以及透過電腦細分客戶群體的先驅者，都是歷史悠久的零售和技術企業。

　　那麼，你的企業需要做些什麼，才能加入他們的行列，向以數據為中心轉型，與新創企業一同競爭？

　　首先，你需要一個熟悉數據分析的領導團隊，樂於提出數據分析能解決的業務問題，對數據給業務帶來的變化感到興奮，並對企業向以數據為中心轉型充滿信心。

　　我們已經在本書中探討了一些數據分析技巧，還研究了已經掌握或可能蒐集到的數據；解讀了客戶忠誠計畫，並探討了其替代方案；解釋了數據分析不僅能改進我們與客戶的溝通，還能重建企業的產品開發、庫存分配、物流派送及採購等各項流程。

　　但更重要的是，我們探討了一個領導團隊在數據轉型過程中的作用。決定老牌企業生死存亡的並不是技術或運算技巧，也不是聘用優秀數據專家的能力。真正決定企業生死的是企業文化、價值觀和管理團隊的態度。

　　對變革的恐懼、對新事物的排斥，以及對走上數據轉型之路後個人前途的擔心，都是讓企業走向衰亡的潛在因素。

　　打造以數據為中心的企業，意味著挑戰所有這些困難。企業的上上下下，即各個部門都需要變革。從技術基礎設施，到財務評估流程和人力培訓計畫，一切都需要改頭換面。

　　是的，在這一過程中，你需要培養一定的數據分析能力，蒐集客戶數據，對這些數據提出有意義的問題，並根據數據分析結果採取行動。

　　那些真正以數據為中心，圍繞顧客終身價值打造品牌，並成為行業變革領導者的企業，都將獲得巨大回報。

　　祝你的企業轉型之路一帆風順。期待下次我能有機會，寫一篇關於你的企業的成功案例分析。

致謝

　　一本商業書的問世，除了作者的構思和學識之外，也離不開其他人的努力、指導和支持。這些年來，我何其有幸，能與一些在企業數據研究領域衝鋒陷陣的專業人士共事，為一流企業家及其公司發展提供服務。因為工作的關係，我有機會了解到這些企業的經營情況，並從相關案例中累積豐富的經驗。這讓我深感自豪，且內心充滿感恩。

　　具體而言，在撰寫這本書的過程中，我有了許多機會，與數據分析及客戶洞見方面的專家交流想法。從他們那裡，我不僅蒐集到許多經典案例，還獲得不少寶貴的建議。

　　我想感謝克雷爾·艾爾斯（Clare Iles）、喬恩·魯多（Jon Rudoe）、丹尼·拉塞爾（Danny Russell）和史蒂夫·德洛（Steve Delo）的鼎力支持和睿智建議，這份情誼令我畢生難忘。我尤其要感謝史蒂夫，他還幫我校對大量前期書稿，並提出非常好的建議。如果你在本書

中發現謬誤，那必然是我的問題；如果你從中獲得了獨到見解，則多半是我從這四位優秀老師那裡學來的。

最後，感謝我的妻子布麗姬特。她既是新創公司的老闆，又是出色的數據分析專家。本書的很多內容，是來自她的精闢洞見。

國家圖書館出版品預行編目（CIP）資料

平均數的誤解：正確的計算，卻帶來錯誤決
策！商業人士如何解讀數據。／伊恩‧雪帕
德（Ian Shepherd）著；張翎譯.
-- 初版. -- 臺北市：任性出版有限公司，
2024.02
320 面；14.8×21 公分 . --（issue；057）
譯自：The Average is Always Wrong
ISBN 978-626-7182-48-2（平裝）

1. CST：企業管理　　　2. CST：統計分析
3. CST：商業資料處理

494　　　　　　　　　　　　112017948

issue 057

平均數的誤解

正確的計算，卻帶來錯誤決策！商業人士如何解讀數據。

作　　　者／伊恩‧雪帕德（Ian Shepherd）
譯　　　者／張　翎
校對編輯／連珮祺
美術編輯／林彥君
副 主 編／馬祥芬
副總編輯／顏惠君
總 編 輯／吳依瑋
發 行 人／徐仲秋
會計助理／李秀娟
會　　　計／許鳳雪
版權主任／劉宗德
版權經理／郝麗珍
行銷企劃／徐千晴
業務專員／馬絮盈、留婉茹、邱宜婷
業務經理／林裕安
總 經 理／陳絜吾

出 版 者／任性出版有限公司
營運統籌／大是文化有限公司
　　　　　臺北市 100 衡陽路 7 號 8 樓
　　　　　編輯部電話：（02）23757911
　　　　　購書相關諮詢請洽：（02）23757911 分機 122
　　　　　24 小時讀者服務傳真：（02）23756999
　　　　　讀者服務 E-mail：dscsms28@gmail.com
　　　　　郵政劃撥帳號：19983366　　戶名：大是文化有限公司

法律顧問／永然聯合法律事務所
香港發行／豐達出版發行有限公司　Rich Publishing & Distribution Ltd
　　　　　地址：香港柴灣永泰道 70 號柴灣工業城第 2 期 1805 室
　　　　　Unit 1805, Ph.2, Chai Wan Ind City, 70 Wing Tai Rd, Chai Wan,
　　　　　Hong Kong
　　　　　電話：21726513　傳真：21724355　E-mail：cary@subseasy.com.hk

封 面 設 計／林雯瑛　內頁排版／吳思融
印　　　刷／緯峰印刷股份有限公司
出 版 日 期／2024 年 2 月初版
定　　　價／新臺幣 420 元（缺頁或裝訂錯誤的書，請寄回更換）
I S B N／978-626-7182-48-2
電子書 ISBN／9786267182475（PDF）
　　　　　　9786267182468（EPUB）